KB040378

파토 원종우의 태양계 연대기

과학과 역사, 우주적 상상력이 결합한 **다큐멘터테인먼트**

파토 원종우의
태양계 연대기

원종우 지음

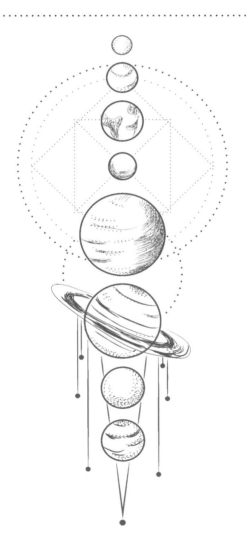

동아시아

이 광대한 우주 속에
만약 우리밖에 존재하지 않는다면
엄청난 공간의 낭비일 것이다.

-칼 세이건

이것은 SF 한류의 창세기

한국의 드라마는 SF 속 상상력에서 많은 이야기를 빌려왔다. 이제 그 빚을
갚을 기회가 왔다. 『파토 원종우의 태양계 연대기』, 이 하나로 한국의 SF는
그간 해외 작가들에게 진 빚을 갚는다. 한국이 만든 상상력의 산물 중 가장
거대하고 위대한 구라를 만나보시라. 이것은 SF 한류의 창세기다.

　_김민식(MBC 드라마 PD, 〈뉴 논스톱〉〈내조의 여왕〉 연출)

이 정도의 설득력이라면, 외계인은 존재해줘야만 하는 거다.

　_김어준(《딴지일보》 총수, TBS 〈뉴스공장〉 진행자)

이 흥미진진한 책에 실린 내용을 믿을지 말지는 전적으로 독자의 자유다. 그
러나 그 상상력을 즐기지 못하는 자는 고정관념의 노예임이 분명하다.

　_박상준(한국SF협회 회장)

연재 때부터 밤을 새워 읽은 우주적 상상력. 스필버그에게 빼앗기지 말아야
할 한국의 스페이스 오디세이. 영어 번역을 금지시켜야 한다.

　_신철(영화제작자, 신씨네 대표)

과학은 증거에 기반을 두지만 새로운 과학은 상상력에서 나온다. 과학적 상상력이 어떤 것인지 궁금하다면 이 책을 보라!

_이강환(천문학 박사, 서대문자연사박물관장)

파토 원종우는 줄타기의 달인이고, 그가 발명한 구라논픽션은 사람들의 마음의 경계에서 이루어지는 줄타기다. 그가 줄을 타면 이야기는 사실과 구라 사이를 오가면서 출렁출렁한다. 그 출렁거림이 커지면 커질수록 파토는 한 걸음 물러선다. 이 책은 거리두기의 미학을 아는 구라엔터테이너 원종우가 흔들어대는 거대한 줄타기 한마당이다.

_이명현(천문학 박사, 과학책방 갈다 대표)

나는 태양계 안에 외계문명이 존재한다든지 외계 생명체가 지구에 왔다든지 하는 이야기에는 코웃음조차 아까워하는 과학자다. 하지만 『파토 원종우의 태양계 연대기』를 읽고 있노라면 그 세계에 푹 빠져들고 만다는 사실을 고백할 수밖에 없다.

_이정모(서울시립과학관장)

일단 이 책을 집어든 사람들은 조심해야 한다. 엄청난 속도로 빠져들게 되는 이야기에 휩쓸리다 보면 머릿속에 빅뱅이 일어나고 결국엔 '멘붕'에 빠질 수 있기 때문이다. 실로 오랜만에 경험하는 멘탈 붕괴의 즐거움!

_장준환(영화감독, 〈지구를 지켜라〉〈화이〉 연출)

초고대 문명과 은비주의

세상에는 크고 작은 많은 비밀이 있다.

이 비밀의 형태와 중요성은 사소한 개인사부터 우주의 작동 방식, 나아가 신의 이름에 이르기까지 아주 다양하다. 그러나 지난 수백 년간 과학 문명의 눈부신 발달에도 불구하고 우리가 지금까지 밝혀낸 것은 생각처럼 많지는 않다. 그중 어떤 것들은 앞으로도 오랜 세월 동안, 어쩌면 영원히 오리무중일지도 모른다.

예컨대 우주의 크기를 생각해보자. 지금까지 인류가 밝혀낸 우주의 규모는 수천억 개의 항성이 모여 있는 우리 은하계 같은 은하가 다시 수천억 개 널려 있는 정도로 추산된다. 게다가 이 항성과 은하들은 서로 아주 멀리 떨어져 있어서, 실제 우주의 대부분은 그야말로 텅 빈 공간이다. 또 현재 인류가 발견한 가장 먼 천체는 이 빈 공간을 넘어 수백억 광년이나 멀리 있다. 인류가 과연 이 광막한 우주, 수천억 곱하기 수천억의 태양과 그 주위를 도는 수조의 행성들에 대해 얼마나 많은 것을 알 수 있을까. 그곳에서 살아가는 생명과 문명에 대해 어디까지 이해할 수 있을까. 수십만 년이 지난다 한들 수백억 광년 너머 우주의 끝(그런 것이 있다면)에 도달할 수 있을까?

거시적인 세계뿐 아니라 반대 방향도 마찬가지다. 20세기 후반 물리학자들은 끈 이론String Theory이란 걸 창안해냈다. 만물의 근본이 되는 가장 작은 단위를 추적하는 과정에서 얻어진 이 복잡 미묘한 방정식의 결론이 주장하는 바는, 우주의 모든 에너지와 물질이 고차원의 시공간에서 요동하는 작은 끈 혹은 고리들에 의해서 생겨난다는 것이다. 끈의 진동 운운하는 개념 자체도 이해하기 어렵지만 진정한 난제는 이 끈이 존재하는 고차원의 세계는 너무 작아서 제아무리 훌륭한 현미경으로도 관찰이 불가능하다는 사실이다. 따라서 초끈 이론이 수학적으로 아무리 그럴싸해도, 과연 실체적 진실인지 검증할 수 있는 가능성은 비밀의 영역 속에 봉쇄되어 있는 듯하다.

우리가 늘 올려다보는 저 하늘과 우리의 몸 등을 구성하는 기본적 요소들조차도 비밀의 장막 속에 가려져 있다 보니 우주에 대한, 생명에 대한, 삶과 죽음에 대한 수많은 다른 종교적·철학적 주장들이 난무해왔다. 그것들은 각자의 근거를 들어 정답임을 주장해왔으나 어느 하나도 스스로를 입증하지 못한 채 수천 년이 흘러왔다. 사실 이들 종교와 철학의 세계관도 현대에 등장한 소위 음모론들보다 논리적인 면에서 더 정교하지도 않다. 그럼에도 수십억의 사람들이 여전히 신앙하고 추종하는 이유는 이 체계들이 오랜 세월 동안 정치·사회·문화와 상호 영향을 주고받으며 문명의 주류로 등극했기 때문이다.

이렇게 인간 지성의 한계에 가로막힌 비밀들이 있는 반면, 어떤 것들은 단지 너무 오랜 세월이 지나 잊혀서 비밀이 되기도 한다. 픽션의 예를 들자면 무협지에 흔히 등장하는 실전失傳된 무학 같은 게 그런 경우다. 한을 품고 태어난 주인공은 무공을 조금 익히자 성급히 부모의 복수에 나서는데, 강한 적에게 처절하게 당하고 계곡으로 굴러 떨어지게 된다. 정신을 차린 그의 눈앞에는 나무뿌리들에 가려진 동굴 입구가 보이고, 그 속에는 100여 년 전 무림을 풍미했던 노마老魔의 백골만 남은 시신과 함께 초절정의 무공 비급이 놓여 있다는 따위의 이야기 말이다. 매번 반복되는 빤한 스토리인데도 그때마다 흥미를 끌고 독자들을 매료시키는 것은 바로 비밀 자체가 가진 매력 때문이다.

이런 유의 비밀 중 가장 흥미롭고도 묵직한 것이 바로 초고대 문명과 관련된 은비隱秘주의 계통의 것들인데, 다양한 주장과 형태 사이에서도 그 중심을 관통하는 뼈대는 대략 아래와 같다.

아득한 과거 어느 시절 인류가 기억하지 못하는 고등 문명이 이 지구 상에 존재했고, 문명의 멸망 후 극소수의 선택된 사람들만이 그 지혜와 비밀을 전수해오고 있다.

여기서 그 문명이 번성했던 시대나 규모, 형태, 전수되는 비밀의 성격, 선택된 자들의 정체 등은 주장하는 사람에 따라 제각각인데 그도 그럴 것이 검증이 거의 불가능하기 때문이다. 소위 정사正史라고 불리는 역사의 영역도 수천 년 이상 거슬러 올라가면 한두 사람의 기록과 한줌 돌무더기에 불과한 유적에 의존해 재구성되는 경우가 많다. 그 기록이 얼마나 진실을 담고 있는지, 그 무너진 돌무더기들의 쓰임새가 무엇이었는지는 다른 기록과 유적을 통해 재확인해보기 전에는 파악하기 어렵고, 그런 기회가 아예 없을 수도 있다.

그러니 적어도 BC 1만 500년, 대홍수나 거대한 재앙으로 깡그리 쓸려 내려가 전멸해버린 초고대 문명에 대해 정확하고도 검증 가능한 증거들이 쏟아져 나올 가능성은 그리 높지 않다. 이는 초고대 문명이나 은비주의의 정체에 심각하게 접근하는 전문 연구자들에게는 갑갑한 현실이겠으나, 필자처럼 이를 SF스러운 지적 게임으로 즐기는 경우에는 그만큼 많은 상상력이 개입될 여지를 준다.

이 책은 지난 2010년 1월부터 8월까지 16부작으로 인터넷《딴지일보》에 연재한 '외계문명과 인류의 비밀' 시리즈를 바탕으로 재구성한 것이다.
원래는 지난 십수 년간 심심풀이로 '연구'해온 외계문명과 은비주의 등에 대해 네다섯 편 정도의 글을 써보자던 의도였다. 한데 막상 뚜껑을 열자 독자들의 반응이 폭발적이었고, 총 16부 합쳐 조회 수 200만을 넘어설 정도의 흥행작이 되고 말았다. 그래서 5회가 10회가 되고, 10회가 15회가 되는 연장이 거듭되어 결국 8개월에 걸친 장기 연재물로 마감하게 되었다. 이 책은 바로 그 결과다.

본문에 들어가기 전에 한 가지 알려둘 것은 '다큐멘터테인먼트'라는 이 책의 장르가 가진 의미를 미리 이해하자는 거다. 이 책은 이를 테면 프로레슬링 같은 것이다. 프로레슬링은 각본이 짜여 있고 승패가 결정되어 있다는 점에서 오락적 측면이 강하다. 하지만 이를 위해 선수들은 엄청난 양의 운동으로 몸을 만들고 큰 부상을 감수하면서 링에서 위험천만한 액션을 선보인다. 그런 의미에서 프로레슬링은 비록 엔터테인먼트지만 그저 쇼로 폄하할 것은 아니다. 그 속에서 벌어지는 선수들의 몸놀림이나 액션은 CG나 와이어에 의한 특수효과가 아닌 실제이기 때문이다.

마찬가지로, 이 책에 등장하는 수많은 사진과 자료, 과학 이론 중 합성이나 조작은 하나도 없다. 하지만 그로 인해서 끌어져 나오는 내용은 일종의 엔터테인먼트다. 이야기를 재미있게 만들기 위한 논리의 비약과 위험한 추론, 극단적인 상상 등이 도처에 작용하고 있기 때문이다. 따라서 이 점을 감안하고 흥미 위주로 접근하는 것이 바람직하다.

하지만 본문의 톤은 어디까지나 진지하고 심각한데, 그러지 않으면 몰입이 되지 않을뿐더러 다큐멘터테인먼트라는 새로운 장르 개척의 의미가 없기 때문이다. 그래서 열심히 읽다 보면 이 이야기들이 혹시 사실이 아닌가 의문스러울 수도 있겠다. 실제로 《딴지일보》에 연재하는 동안 그런 현상이 벌어져서 우주의 비밀을 알려줘 고맙다는 진지한 메일을 여러 통 받기도 했다. 하지만 이는 필자가 의도하는 바는 아니다.

여하튼 이 책이 풀어내는 이야기가 전반적으로 사실일 가능성은 대단히 희박하다는 점, 일단 털어놓는다. 그러나 그중에 진실들이 단편적으로 숨겨져 있을 여지조차 없는 건 아니다. 무엇이 허구이고 무엇이 사실일지는 시간을 두고 지켜보면 될 일이다.

파토 원종우

과학적 사실과 엔터테인먼트의 결합

2011년 『외계문명과 인류의 비밀』이라는 제목의 이 책을 처음 발간할 때의 의도는 많은 《딴지일보》 독자들이 즐겼던 이야기를 책으로 정리한다는 정도였다. 이후 《딴지일보》 서버가 디도스 공격으로 이 책의 내용을 포함한 수많은 콘텐츠가 소실되면서 아카이브로서의 의미도 생겼지만, 기본적으로 대중을 상대로 한 재밋거리로서의 역할 이상을 생각하지는 않았다.

그런데 책을 내놓고 흥미로운 일이 벌어졌다. 다양한 형태의 SF 작품을 만들고자 하는 사람들과 실제 연구에 종사하는 과학자들이 책에 관심을 보인 것이다. 책이 다루고 있는 음모론적 내용으로 미루어 만약 과학자들의 반응이 있다면 비웃음뿐일 거라고 여겼던 필자의 생각과는 사뭇 달랐다. 물론 그들이 이 책이 전하는 스토리가 사실일 가능성을 염두에 두고 호응한 것은 아니다. 다만 조작되지 않은 실제 사진과 이론, 그리고 그것들의 논리적 조합을 사용해 가상의 태양계 역사를 꾸며내면서도 엔터테인먼트임을 명백히 한 필자의 방식에 호감을 가졌던 것이다.

그래서 책이 발간된 후 여러 단체 및 기관에서 이 스토리와 직간접적으로 관련된 내용을 소개하는 강연과 토크를 갖고 공중파 TV에도 출연하게 된다.

SF 포럼(영화인 모임)
아시아태평양 이론물리학회 워크숍
국립소백산천문대
국립과천과학관
KBS 과학스페셜과학토크, '외계인, 과학인가 상상인가'
과천도서관
서대문구청
국립현대미술관 서울관

이런 과정 속에서 한 걸음 더 나아가 대중에게 과학을 쉽고 재미있게 전달하는 팟캐스트 라디오 〈과학하고 앉아있네〉를 만들어 방송하게 되었다. 그렇게 지난 몇 년간 강연, 토크, 팟캐스트 등을 통해 많은 SF 작가, 영화인, 천문학자, 물리학자, 생물학자, 공학자 등과 함께하는 기쁨을 누릴 수 있었다. 나아가 국립과천과학관, 한국천문연구원, 한국과학창의재단과 함께 다양한 과학 전시와 토크쇼를 만들었고 계속적인 작업을 이어나가고 있다.

이렇듯 예상 밖의 호응 속에서, 그 모든 것의 시작이 된 이 책의 개정증보 필요성이 대두됐다. 일부 스토리를 보강하고 언저리의 과학적 팩트들을 더 명확히 함으로써 엔터테인먼트적 측면과 과학적 측면을 이전보다 더욱 실하게 꾸려가는 형태로 만들기 위해서다. 이를 위해 상당한 분량을 보강해 넣고 문장을 전체적으로 다듬었으며 많은 사진을 교체했다. 표지와 편집 디자인도 책의 성격이나 분위기에 더 어울리는 방향으로 수정되었다.

그 결과로 나온 이 판본이 과거의 미흡함을 보강하고 독자 여러분들께 새로운 즐거움으로 다가가기를 기대한다.

2014년 여름
파토 원종우

이 책에 실린 내용은 오래전 《딴지일보》에 연재할 때부터 많은 사람들의 관심을 끌고, 이후 과학자와 웹툰 작가, 영화 제작자들 사이에서 회자되며 2차 저작물화를 위한 진지한 논의가 오가기도 했다. 그러나 여러 가지 현실적인 한계 속에서 아직 다른 미디어를 통해 재생산되지 못했고, 지난번 판본은 기존 출판사의 사정으로 5쇄를 찍은 후 절판되었다.

그래서 새로운 외형과 다소간의 수정 및 보충을 더해 그간 과학책으로 인연을 맺은 동아시아 출판사에서 재발간하게 되었다. 이미 첫 판본이 나온 지 몇 년이나 지난 책을 흔쾌히 재발간해주신 한성봉 대표께 감사드린다.

비록 지연되고는 있지만, 머지않은 미래에 이 책의 세계관을 바탕으로 다양한 인물들이 등장하는 스토리가 만들어질 것으로 기대하고 있다. 내 자신이 그 작업을 할지, 아니면 다른 작가가 웹툰이나 영화 같은 새로운 미디어를 통해 실현하게 될지는 확실치 않다. 여하튼 내게 중요한 것은 이 이야기가 어떤 식으로든 살아남아 가지를 치고 자식을 낳는 것이다. 많은 작가들이 바라듯이.

2019년 2월
파토 원종우

06 달의 정체를 밝혀라

07 BC 1만 500년, 지구에 무슨 일이 일어난 걸까

01

외계인들은 지구 가까이에 있다

외계 생명체는 분명히 존재한다

밤하늘을 수놓은 수많은 별들을 바라보면, 저곳엔 무엇이 있으며, 어떤 존재들이 살고 있을지 궁금할 것이다.

맑은 날 공기 좋은 곳에서는 육안으로도 6,000개나 보인다는 이 별들은 그 하나하나가 우리의 태양 같은 거대한 항성들이다. 그런 별들이 우리 은하 안에만도 1,000억 개 이상 있고, 그런 은하들이 인간이 관측 가능한 우주에만도 또 1,000억 개 이상 존재한다. 그 속에 얼마나 많은 생명의 드라마가 펼쳐지고 있을지는 감히 상상조차 하기 어려운 일이다.

이렇게 거대한 우주의 규모를 생각해보면 어딘가에 외계 생명체는 분명히 존재한다고 보는 게 논리적이다. 광대한 우주라는 압도적 실체가 그 존재를 정황적으로 증명하고 있다고 봐도 무방하기 때문이다. 게다가 지난 몇 년간 케플러 우주 망원경을 필두로 한 다양한 관측 활동의 결과 지구와 비슷한 조건에 있는 많은 외계 행성들이 발견되고 있으며 2016년부터 한국천문연구원이 남반구 세 대륙에 걸친 망원경을 통해 24시간 밤하늘을 관측하는 외계 행성 탐색 시스템 KMTNet, Korea Microlensing Telescope Network을 가동하고 있다. 미국의 나사 NASA와 세티SETI 같은 연구기관들은 20~30년 내로 외계생명이나 문명의 증거를 발견할 것이라고 장담하기도 하니 그날이 그리 멀지는 않은 것 같다.

하지만 외계 생명체에 대한 우리의 호기심은 이런 접근에서 그치지 않는다. 왜냐하면 그들이 정말 있다면 그중 고등한 종족들이 지구에 찾아오고 있지는 않은지, 만약 온다면 왜 오며, 와서 뭘 하고 있는지 등에 관심이 가지 않을 수 없기 때문이다. 이것은 그들의 존재 가능성이라는 정황을 넘어 우리 인류와의 소통 및 관계의 문제이기 때문에 전혀 다른 질문이다. 그리고 이런 궁금증을 단지 호사가들의 농담거리나 조작, 망상 등으로만 간단히 치부하기는 쉽지 않다. 외계 생명체의 지구 방문을 뒷받침하는 듯한 수많은 기록들이 남아 있기 때문이다.

1940년대부터 본격적으로 보고되기 시작한 이른바 '비행접시' 목격담은 지난 70여 년간 수십만 건을 넘고, 거기에는 미국의 조지 아담스키, 스위스의 빌리 마이어처럼 매우 선명한 사진을 다량으로 공개한 경우는 물론, 외계인을 직접 만나고 우주선에 탑승한 후 그 가르침을 전달하고 있다고 주장하는 사람들의 경우까지도 포함된다. 캐나다를 근거지로 활발한 활동을 벌이고 있는 유물론적 UFO 단체 '라엘리안 무브먼트'는 20세기 초 인간 복제 등 각종 이슈와 맞물려 상당한 화제가 되기도 했다.

단지 최근의 사진이나 동영상들뿐 아니라 수백, 수천 년 전으로 거슬러 올라가도 마찬가지다. 사진 1-1에서 1-7은 미국과 유럽의 박물관과 미술관에 소장되어 있는 미술 작품들로, 제작자와 제작연도 등 출신이 명확한 것들이다.

이 외에도 수많은 옛 그림과 수천, 수만 년 전의 암각화에 UFO를 연상케 하는 물체들이 그려져 있는데, 이들은 사진이나 동영상으로 우리 눈에 익숙한 현대식 UFO와 형태상 조금도 다르지 않다. 별이나 기상 현상을 묘사한 거라는 주장도 있지만 그런 설명이 도리어 비논리적으로 느껴질 만큼 확연한 기계장치의 모습을 드러내고 있다.

따라서 이 그림의 작가들은 해당되는 물체를 직접 보거나 과거의 그림이나 기록에서 찾아 그려 넣은 거라고 보는 것이 자연스럽다. 다만 당시로서는 외계인의 비행체라는 것은 발상 자체가 불가능했던 만큼 종교적인 의미와 결부시켜 표현할 수밖에 없었다.

현재는 물론 중세나 그 이전에도 지구상의 하늘에는 저런 물체들이 쉼 없이 출몰해왔다는 점에서 UFO는 현대 기계문명적 상상의 산물은 아닌 것이다.

이렇게 지금까지 쌓여온 각종 자료와 증언들로 미루어 볼 때, 'UFO 현상' 전반의 존재 자체는 감히 의심할 수 없는 수준이다. 너무 많은 개별 사례가 존재함은 물론이거니와, 축구장 상공 등 공개된 장소에서 수만 명이 한꺼번에 목격하고 방송사의 중계 카메라에 잡힌 경우도 있다. 멕시코나 브라질 등 중남미 지역에서는 며칠 사이에 수십 기의 UFO가 곳곳에 출현하여 사회적 신드롬이 일어나기도 했다. 또 공군의 전투기나 상업 항공기 조종사 등 비행 전문가들의 다양한

1-1 〈수태 고지〉, 1486년, 카를로 크리벨리 작, 런던 국립미술관 소장. 공중의 물체에서 성모의 머리로 금색 광선이 발사되고 있다.

1-2 〈십자가 처형〉, 1350년, 코소보의 비오스키 데카니 교회 소장. 좌우측 상단에 특이한 비행체들이 보인다.

1-3, 1-4 사진 1-2의 비행체들을 확대한 모습.

1-5 〈예수의 세례〉, 1710년, 아트 데 겔더 작, 영국 케임브리지 피츠 윌리엄 박물관 소장. 전형적인 원반형 UFO가 광선을 발사하는 모습처럼 보인다.

1-6 이탈리아 몬탈치노의 산 로렌초 성당의 그림, 1600년. 인공위성 혹은 전파 송신기를 닮은 저런 기계장치는 17세기 초에는 존재하지 않았다.

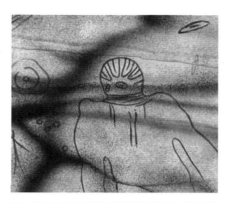

1-7 약 8,000년 전의 아프리카 암각화. 우주복을 연상시키는 디자인도 흥미롭지만, 당시에는 그림에서 보는 목주름이 만들어질 수 있는 천의 세밀한 직조기술이 없었다.

증언은 이에 매우 높은 신뢰성을 더해주기도 한다.

필자 역시 UFO 목격자 중 한 사람이다. 필자가 본 물체는 멀리 떨어진 작은 불빛이나 희끄무레한 그림자가 아니라 바닥의 은색 금속의 질감이 느껴질 정도로 선명한 비행 원반이었기 때문에 별이나 풍선, 구름 등을 착각했을 가능성은 매우 낮다. 대낮에 머리 바로 위에서 동전 크기 정도로 식별 가능한 높이를 천천히 날다가 급가속해 사라졌는데, 어떤 형태의 엔진도 보이지 않았을뿐더러 아무 소음도 없었다.

이렇게 '현상'은 의심의 여지 없이 존재한다. 다만 그 현상의 정체가 무엇이냐는 것이 문제일 뿐이다. 지난 70여 년간 그 정체에 대한 해답으로 제시된 주장들은 무수히 많다. 비행기나 풍선, 인공위성, 유성, 금성 등을 잘못 본 단순 착각부터 시작해서 가장 널리 알려지고 또 인기 있는 '외계 비행체설'을 필두로 생명체설, 타임머신설, 구전 현상설, 전기 자극 등으로 유발된 망상설, 집단무의식 발현설, 지하 문명의 비행체설, 강대국이나 나치 잔당의 비밀무기설, 차원 이동설, 마인드 컨트롤설 등등 상상이 가능한 거의 모든 설명이 총동원되고 있다고 봐도 무방하다. 이런 상황은 UFO 목격담이나 증거 중 최소한 일부는 상식적인 방법으로 설명하기 어렵다는 점을 방증한다.

예를 들어 필자가 목격한 UFO의 경우는 금속의 질감, 완전한 원반 형태, 밝은 낮 시간대의 목격이라는 점에서 풍선이나 금성의 착각, 생물 등이 아닌 인공적으로 만들어진 물체의 인상이 아주 강했다. 그렇다면 외계 비행체, 타임머신, 지하 문명의 비행체, 강대국의 비밀 병기 등 중 하나여야 할 것 같지만 이들도 생각해보면 그리 그럴듯하지는 않다. 이후 좀 더 자세히 살펴보겠지만, 먼 우주 공간을 가로질러 지구에까지 도달할 수 있는 우주선의 기술적 구현은 우리가 아는 과학법칙하에서는 대단히 곤란한 일이다. 타임머신은 비슷한 관점에서 더 큰 문제를 안고 있으며 지하 문명 비행체설도 지구 공동설(지구 내부가 비어 있고 그 안쪽으로는 다른 세계가 있다는 주장) 등 오랫동안 계속되어온 문제 제기에도 불구하고 존재가 확인된 바 없을 뿐 아니라 가능성도 아주 희박해 보인다. 그나마 첨단무기설이 일반의 상식에 가장 근접한 것 같지만, 1980년대 대낮의 서울 저공에서 미국이나 나치가 신병기를 시험하고 있었다는 것은 앞의 다른 주장들만큼이나 비현실적이고 납득하기 어려운 일이다.

UFO 현상에 대한 기본 전제

이렇게 필자 자신이 분명히 무엇인가를 봤음에도, 단지 목격했다는 사실 외에 그 정체가 무엇이었는지 객관적이고 설득력 있는 답을 내는 것은 상당히 복잡하고 난감한 일이다. 수십만 건에 달하는 대부분의 UFO 목격담이 실은 같은 처지에 놓여 있는 만큼 그 목격자들도 자신이 본 것의 정체를 이해하지 못하고 있다. 이런 관점하에

UFO 현상과 관련된 몇 가지 기본 전제들을 정리해보자.

1. UFO 목격담의 최소한 80퍼센트 이상은 착각이거나 거짓이다

북서유럽이나 캐나다 등 북위도 지방의 저녁에는 금성이 놀라울 정도로 밝고 크다. 이 분야에 익숙한 필자조차도 걸음을 멈추고 금성이 맞는지 다시 확인한 경우가 여러 번 있었다. 게다가 이런 행성들은 멀리 떨어져 있기 때문에 차량 등으로 고속 이동하는 경우 마치 자기를 따라오는 것처럼 보이기 쉽다. 그 밖에도 유성, 비행기 등 UFO로 오인될 수 있는 현상들은 수백 가지도 넘는다.

한편, 주목을 끌기 위해 없는 사실을 거짓으로 지어내는 사람들은 일반적인 생각보다 훨씬 많다. 우리는 사진이나 목격담의 사실성을 강조하기 위해 그가 증거를 조작해서 얻는 이익의 부재나 사회적으로 존경받는 지위에 있다는 점 등을 이야기하지만, 사람들은 단지 재미나 쾌감 혹은 주목을 위해 시간과 비용을 들여 실제로 사진을 조작하고 거짓말을 한다. 이는 그 사람의 외적인 성향이나 지위와는 무관한 은밀한 영역으로 남들이 판단할 수 있는 것이 아니다.

2. UFO는 Unidentified Flying Object의 약자다

번역하자면 '미확인 비행물체'가 되는데, 따라서 '비행접시'나 '우주선'같이 보이는 것들만 UFO에 속하는 것은 아니다. 한때 많이 목격되고 국내 뉴스 등에서도 다룬 바 있던 로드rod는 우주선 형태가 아닌 UFO의 전형적인 예로, 고공을 초고속으로 비행하는 생명체로 여겨졌지만 현재는 카메라 앞을 빠르게 지나는 곤충인 것으로 잠정 결론이 난 상태다. 이 단어를 뜻 그대로 해석해서 일반적인 자연현상을 포함해 즉시 정체가 확인되지 않은 것을 모두 포함시키는 경우도 있다. 이때는 풍선이든 구름이든 정체가 확인되기 전에는 UFO라고 부를 수도 있지만, 실질적인 의미에서 이 단어는 외형이나 비행 패턴 등을 설명할 수 없는 매우 특이한 비행체를 뜻하는 고유명사로 정착되어 있다고 보는 게 옳다.

3. UFO 현상은 반드시 물질적인 현상만을 지칭하지는 않는다

상당수의 UFO 체험담에서 불가사의한 비물질적인 특성을 찾아볼 수 있다. 공중에서 투명해지면서 녹아내리듯 사라져버리거나 유리처럼 내부를 샅샅이 들여다볼 수 있는 비행체 등 기묘한 성질을 가지는 때도 있고, 의도적으로 연출된 듯한 상징적 모습을 보이는 일도 있으며, 피랍 체험 등 관찰자의 심리와 복잡 미묘하게 연결되어 있는 경우도 있다. 이런 예들은 실제로는 UFO 체험으로 보이지만 실은 전혀 다른 현상일 가능성이 높고, 따라서 이 책에서는 다루지 않기로 한다.

이 정도를 머리에 담아두고 이제 외계 비행체로서의 UFO의 가능성을 짚어나가 보자. 보통 'UFO는 비행접시, 비행접시는 우주선'이라는 공식이 자연스러울 정도로 일반인들에게 이 외계 비행체설은 절대적으로 굳어져 있다. 아마도 UFO를 봤거나 그 존재를 믿는 사람들의 90퍼센트 이상이 자연스럽게 이를 외계에서 온 비행체로 연결시키고 있고, 독자 여러분도 대부분 이런 입장을 갖고 있을 것이다. 앞서도 잠깐 언급했다시피 이를 뒷받침하는 관점은 다음과 같은 것이다.

상상을 초월할 만큼 거대하고도 광활한 우주. 그 속에서 오직 인간만이 지적 생명체일 가능성은 전무하다. 수백만의 발달된 기술 문명이 우주 곳곳에 존재할 것이고 그중 일부는 이제 막 우주시대에 들어선 태양계의 세 번째 행성 지구를 호기심 어린 눈으로 지켜보고 있을 것이다. 또 문명의 선배로서 각종 교훈과 메시지를 전해주기 위해 지구까지 오는 수고를 마다하지 않을 것이다. 마음을 열고 넓은 우주와 충만한 생명을 느껴보자. 우리는 결코 혼자가 아니다.

기본적으로 자연스러운 논리를 따른 추론이고 감성적인 호소력도 있다. 하지만 과연 이렇게 아름답고 희망적인 느낌과 바람으로 결론을 내면 되는 문제일까. 물론 그 전제들은 진실일 가능성이 크다. 다시 말해 광활한 우주 속에 인간만이 지적 생명체일 가능성은 거의 없고, 아마도 다른 문명들의 상당수는 우리 인류의 기술문명보다 훨씬 발전해 있을 것이다. 그렇다면 그들은 앞선 과학이나 기술로 우리가 현재까지 만들어낸 로켓과는 비교도 할 수 없을 정도로 빠르고 안정된 우주선을 건조하고 또 운용하고 있을 것이다. 그들이 지적인 존재인 이상, 외부 세계에 대한 강한 호기심과 알고자 하는 욕망도 가지고 있을 것임에 분명하다. 호기심은 지성의 전제 조건이기 때문이다.

다만 한 가지 중요한 문제가 남는다. 그들이 실제로 우주 저 너머에 존재한다 한들, 과연 끔찍이도 먼 거리를 넘어 우리가 사는 지구를 방문하는 일이 실제로 벌어질 수 있는가 하는 점이다. 즉, 과학적으로 가능하며 논리적으로 이유가 있느냐는 것이다.

여기에 대해 논의하기 전에 한 가지 전제해야 할 것은, 이때의 과학은 21세기 초 현재를 기준으로 인류가 발견하고 검증한 이론과 법칙들을 말한다는 점이다. 필자는 과학만을 잣대로 모든 것을 재단하는, 그리고 거기서 조금만 벗어나도 일말의 가능성조차도 인정하지 않는 일부 과학 지상주의자들의 오만함에는 찬성하지 않는다. 하지만 다른 반대편에 서서 '언젠가는 모든 한계가 극복될 것이며 무슨 일이든 가능해질 것이다'라고 주장하는 일부의 무책임함과 게으름에도 반대한다.

과학의 시각으로 접근해야

인류가 알아낸 과학 법칙들과 이를 통해 얻어낸 세계관은 다양한 한계에도 불구하고 마냥 무시해버릴 수 있는 무엇이 아니다. 과학은 세상에서 벌어지는 현상들을 설명하고 우주를 해석하는 잣대로 삼기 위해 인류가 각고의 노력을 통해 발전시키고 다듬어온 것이다. 그 속에서는 긴 세월과 많은 사람들의 노력, 억압과 오해로 인해 흘려야 했던 피와 눈물이 집적되어 있다. 현대를 살아가는 우리의 삶은 과학을 통해서 성립되었으며, 근대 이후 과학이 일으킨 많은 성과와 그로 인해 수립된 가치관은 존중받아야 마땅하다.

따라서 UFO와 같은 소위 초현상을 바라봄에 있어서도 우리가 알고 있는 과학의 시각을 통해 최대한 엄밀하게 접근해야 마땅하다. 그런 다음에야 그 현대 과학의 한계를 재검토하면서 그 너머로 눈을 돌리는 것이 가능하기 때문이다.

앞서 말한 대로 우주의 광활한 크기는 인류 외의 문명이 존재할 수 있는 충분한 가능성을 제공한다. 그럼 그 광활함은 실제로 어느 정도일까.

지금 우리가 살고 있는 지구에서 가장 가까운 다른 천체는 달이고 지구와의 거리는 약 38만 킬로미터다. 이는 초속 30만 킬로미터를 달리는 빛은 불과 1.3초면 도달할 수 있는 매우 가까운 거리이며, 초속 11킬로미터 정도로 빛과는 비교가 불가능할 정도로 느린 아폴로 우주선도 달까지 도달하는 데 불과 4일 정도밖에 걸리지 않았다.

1969년에 아폴로 11호에 의해 최초로 이루어졌던 이 유인 달 착륙의 업적은 가히 인류의 위대한 도약이라고 할 만하다. 하지만 실은 달에 가는 것과 그 밖의 다른 천체를 방문하는 것은 완전히 다른 차원의 문제다. 그래서 달은 아직까지도 인류가 직접 발을 내디딘 유일한 천체로 남아 있는 것이다.

현황을 한번 살펴보자. 지구는 태양계의 세 번째 행성이다. 따라서 지구와 태양 간의 거리는 태양계 내에서 상당히 가까운 편이지만 그 거리는 약 1억 5,000만 킬로미터로 지구와 달 사이 거리의 약 400배에 달하고, 빛도 약 8분 20초 정도 여행을 해야만 도달할 수 있다. 이에 비해 아폴로 우주선으로는 태양까지 직선거리로 간다고 해도 약 157일, 즉 다섯 달 정도가 소요된다(지구의 공전 및 태양의 중력 등으로 실제로는 직선거리로 갈 수 없다).

이 정도만 해도 달 여행과는 완전히 다른 수준이지만, 그래도 다섯 달 정도의 기간은 장거리 여행으로서의 현실성이 있다고 말할 수도 있을지 모른다. 그럼 태양계의 바깥쪽에 위치한, 한때 행성이었으나 지금은 왜소행성으로 지위가 격하된 명왕성까지 가려면 얼마나 걸릴까.

명왕성과 태양의 평균 거리는 59억 1,400만 킬로미터인데, 명왕성의 궤도는 긴 타원을 그리고 실제 지구와의 거리는 큰 폭으로 변하기 때문에 대략 58억 킬로미터로 상정해보자. 이 거리는 빛의 속도로 약 5시간 정도 걸리고, 초속 11킬로미터의 우주선으로는 편도 여행만 16년이 소요된다. 다시 말해 현재 기술로는 태양계의 가장자리까지 가는 데만 해도 이만큼의 시간이 소요되는 것이다.

그러나 실은 태양계를 마냥 벗어나는 여행은 큰 의미가 없다. 먼 외계의 지적 생명체를 만나기 위해서는 다른 항성계를 찾아가 그곳의 행성에 도달해야 하는데, 태양계에서 가장 가까운 항성계인 센타우루스자리의 알파성은 약 4.3광년* 떨어져 있고 이 거리를 가는 데 필요한 시간은 수만 년이 소요된다. 이런 여행을 시도하는 것은 가능하지 않다.

그런데 센타우루스 알파성은 바로 우리 이웃에 있는 별일 뿐이다. 우리 은하 속에는 태양과 유사한 행성이 약 1,000억 개나 있는 만큼 가장 가까운 알파성에 도달하는 것으로는 충분하지 않다. 우리의 지적 호기심을 충족시키고 어딘가에 있을 외계인을 만나기 위해서는 은하계 전체를 좀 자유스럽게 돌아다닐 필요가 있다. 그러나 지름 10만 광년인 우리 은하를 가로지르는 데 아폴로 우주선으로 수억 년이 소요된다. 여행을 하고 돌아오고 나면 인류는 이미 사라지고 없을 것이다.

항성 간 여행의 구체적 문제점들

'우주는 경이롭도록 넓고도 거대하구나, 우리 인간은 이 속에서 얼마나 티끌 같은 존재인가'라며 탄식하기에는 아직 이르다. 현재 인

---

* 1광년은 빛이 진공 속을 1년간 달리는 거리. 9조 4,600억 킬로미터.

류의 과학기술로 관측이 가능한 우주의 크기는 지름 약 930억 광년이다. 그 속에는 방금 가로지른 우리 은하와 같은 은하들이 적어도 1,000억 개 이상 있는 것으로 추산되고 있다. 그중 가장 가까운 은하는 이름도 익숙한 안드로메다로, 규모 등 여러 면에서 우리 은하와 유사한데 거리는 약 250만 광년으로 이야기되고 있다.

앞서 10만 광년 가는 데 수억 년이 소요되었으니 250만 광년이면 어림잡아 그 25배, 즉 가는 데만 수십억 년 이상이 소요됨을 알 수 있다.

상상하기도 어렵지만, 그래서 만약 아폴로를 몰고 930억 광년 떨어진 '우주의 끝'까지 가려고 한다면 조 년 단위의 세월이 걸리게 된다. 비현실적으로 느껴지지만 이런 환상적인 거리는 실제로 존재하며, 다양한 망원경을 통해 매일같이 관측되고 있다. 이런 것이 우주의 크기다.

그런데 이런 우주의 광대함은 외계인 문제와 관련되어서 기묘한 역설을 던져준다. 일단 확실한 수준으로 우주 속에 수많은 문명이 존재할 가능성을 이야기할 수 있다. 1,000억 개의 항성계 중 100만 분의 1의 확률로 지적 생명체가 존재한다고 해도 우리 은하 속에만 10만의 문명이 번성하고 있을 것이기 때문이다. 만약 이렇게 많은 문명이 있다면 그중 일부는 서로 교류하고 있음에 분명하다고 생각하기 쉽지만, 실은 이 거대한 규모 자체가 오히려 교류의 방해물이 되고 만다.

앞서 이야기한 대로 우리의 이웃 항성, 센타우루스자리의 알파성까지는 빛의 속도로 가는 데도 4.3년, 왕복 여행이라면 8.6년이 소요되며 아폴로 우주선으로는 왕복 수만 년이 걸린다. 그리고 그 사이의 공간은, 중간에 들를 곳도 쉴 곳도 구경할 것도 없이 1제곱미터당 수소 원자 하나 정도만이 놓여 있는 허공이다.

이 말은, 거대한 우주 곳곳에 수많은 문명이 존재한다고 하더라도 두 문명 사이의 이런 심연의 존재가 항성 간 여행을 꿈꾸는 지적 생명체들에게 치명적인 장벽이 되고 만다는 뜻이다. 거대한 우주의 엄청난 규모는 그 속에 존재할 많은 기술 문명의 가능성을 던져주지만, 역설적으로 동시에 문명 간의 교류를 원천적으로 차단할 수 있는 것이다.

하지만 인류에 비해 수천 년 이상 과학기술이 발달된 외계인들은 분명히 존재할 것이다. 그들은 과연 얼마나 빠른 속도를 낼 수 있을까. 눈 깜짝할 새에 원하는 곳에 도달하는 기술 같은 것이 있을까. 알베르트 아인슈타인Albert Einstein은 1905년 특수상대성이론*을 통해 물질은 광속, 즉 초속 30만 킬로미터 이상의 속도를 낼 수 없다는 것을 우주의 본질로 규정했고, 이는 지난 100여 년간 여러 경로로 반복되며 검증되어왔다. 질량을 가진 물체가 광속에 도달하게 되면 해당 물체는 질량이 무한대로 증가하며 길이가 0이 되는 등 여러 가지 역설에 빠지고 만다. 이런 물체는 존재할 수 없기 때문에 광속은 질량이 없는 것들, 즉 빛과 전자기파 등의 영역이다.

설사 이 모든 한계를 뚫고 광속에 도달한다 한들 장거리 우주여

---

* $E=MC^2$, E는 에너지, M은 질량, C는 상수로서 광속이다. 이 식에서 광속한계는 물론 원자폭탄의 원리도 도출되었다.

행에는 큰 도움이 되지 않는다. 광속은 적도 둘레가 약 4만 킬로미터인 지구를 1초에 일곱 바퀴 반을 도는 엄청난 속도지만, 이 광막한 우주의 크기를 고려하면 그저 옆 동네를 어렵사리 다녀올 수 있는 정도일 뿐이기 때문이다. 결국 광속을 넘어서지 않으면 곤란한 것이다.

이 광속 한계를 극복하기 위해 SF 작품들에서는 단순히 속도를 증가시키는 것이 아닌 다른 기술적인 아이디어들이 등장했다. 〈스타트렉Star Trek〉이나 〈스타워즈Star Wars〉, 〈배틀스타 갈락티카Battlestar Galactica〉 등에 등장한 워프warp나 국내 드라마 〈별에서 온 그대〉에도 선보였던 웜홀worm hole 등이 그 예다. 워프는 우주선이 이동하는 것이 아니라 우주선과 목적지 사이의 공간을 수축시킨다는 발상으로 광속 한계를 피해가고, 웜홀은 우주의 다른 곳으로 연결되어 있는 통로로서 3차원 우주의 벽을 넘어서는 일종의 지름길이다. 이런 개념들은 나름대로 물리학에 기초하고 있어서, 1994년 멕시코의 물리학자 알쿠비에레Miguel Alcubierre는 우주선 앞쪽의 공간을 수축시키고 뒤쪽 공간을 확장해서 광속보다 훨씬 빠르게 이동이 가능한 방정식을 만들어내기도 했다. 그러나 이것을 현실에서 작동시키기 위해서 필요한 에너지의 양과 종류가 우리의 상식을 완전히 넘어서기 때문에 수천 년이 지난다 한들 실현될 가능성은 그다지 없어 보인다.

사정이 이러니 광속 돌파는 일단 포기하고, 현실적인 접근으로 그저 주변의 가능한 곳에라도 도달하는 쪽으로 관점을 바꿔보자. 광속 이하에서 가장 빠른 속도, 다시 말해 최대한 광속에 근접하는 속도를 내는 것은 어디까지 가능할까. 강력한 로켓을 사용해서 지속적인 가속을 하면 이론적으로 불가능하지는 않다. 하지만 조금만 생각해보면 여기에도 수많은 난관이 드러난다.

일단, 인간의 신체와 정신이 견딜 수 있는 한계 내에서 가속해야 하기 때문에 로켓의 추진력이 아무리 강력하다 한들 그 힘을 다 쓸 수 없다. 자칫 승무원들이 가속 압력을 못 이겨 부상을 입거나 죽게 되기 때문이다. 이런 사태를 피하며 광속에 근접하려면 승무원과 승객들을 가속 충격을 줄여주는 일종의 젤리 탱크 같은 곳에 집어넣어 놓고도 몇 달 이상 끊임없이 가속해야 하는데, 멈추기 위해 감속할 때도 상황은 마찬가지다. 이 극단적인 조건 속에서 견딜 수 있는 사람은 거의 없다.

또 다른 현실적인 문제는 연료다. 우주 공간에서는 관성이 무한대로 작용하기 때문에 일단 속도를 내고 나면 엔진을 꺼도 같은 속도로 계속 직진하지만, 가속을 위해서는 로켓을 계속 점화시킨 상태로 연료를 계속 소비해야 한다. 몇 달간 수백, 수천 톤 무게의 우주선을 가속시키기 위해 필요한 연료의 양은 계산이 불가능할 정도고, 그 연료 때문에 우주선이 무거워져 더 많은 연료가 필요해지는 악순환이 반복된다.

이런 문제들이 어떻게 해결된다 한들, 수십 년이 소요될 수도 있는 항성 간 여행 중 최소한의 인간적 존엄을 유지하며 살아가기 위해서는 충분한 활동 및 운동 공간, 편의와 여가 시설이 필요하다.

산소나 온도 같은 기본적 생명 유지 장치는 말할 것도 없고, 수십 년간 냉동식품만을 먹고 살 수는 없기 때문에 자체 식량 생산 시설도 갖춰야 한다. 태양광을 대신할 조명 설비, 신선한 물을 만들어내는 급수 시스템, 의료 시설도 있어야 하며 승무원들의 성적 욕구를 해소

할 방안은 물론, 선내에서의 출산과 육아마저 고려되어야 한다. 그 밖에도 필요한 것은 대단히 많다.*

결국 광속에 근접하기 위한 기술적인 부분은 물론이거니와 기초 생존의 문제, 인간으로서 최소한의 삶을 영위하기 위한 육체적·정신적 난관들을 생각해본다면 이런 식으로 우주여행을 하는 것이 무슨 의미가 있는지 의문스럽다. 목적지에 무엇이 있는지조차 모르는 상태에서 이런 탐험의 길을 떠나는 것은 마치 욕조를 타고 인도를 발견하러 나서는 것만큼이나 무모한 짓이다.

이렇듯, 광활한 우주 속의 머나먼 별들을 제 앞마당처럼 돌아다니는 건 발달된 외계인들에게도 불가능하거나 아주 어려운 일일 것이다. 그럼에도 지구상에는 수많은 UFO들이 오랜 세월 출몰해온 것으로 보이는데, 이것이 사실이라면 많은 난관에도 불구하고 지구를 방문하는 데는 그만한 이유가 있어야 한다. 그 가능성들을 한번 열거해보자.

1. 지구는 우주에서 아주 중요한 곳이다

우리가 이해하기 힘든 철학적이고 종교적인 이유, 혹은 자원과 식량 등 경제적인 이유로 지구가 실은 우주적으로 큰 의미를 가진 행성일지도 모른다. 성지 순례를 위해, 혹은 사냥과 목축, 광업 등등의 이유로 우리의 지구는 이 거대한 우주에서도 중요한 여행지거나 투자처인 걸까.

---

* 아서 클라크Arthur Clarke의 소설 『라마Rama』에는 자급자족이 가능한 도시 규모의 우주선이 등장한다. 광속 한계를 넘어서지 못하는 한 항성 간 우주여행은 이런 방식으로만 가능할 것이다.

2. 웜홀 등 외계인들이 찾아오기 수월한 지리적 이점이 있다

〈스타트렉〉의 '딥 스페이스 나인Deep Space 9' 시리즈를 보면 강대한 카다시아Cardassia 제국의 식민지였던 베이조Bajor 행성 주변에서 우연히 수만 광년 떨어진 델타Delta 사분면으로 직통하는 신비의 웜홀이 발견된다. 이를 통해 약소국이던 베이조가 갖는 은하계에서의 지정학적 위치가 급상승하게 되며 이 지역으로 수많은 외계인들이 몰려들어 각축을 벌인다. 우리는 모르더라도 지구가 실은 이런 입장에 놓여 있지 않다는 증거도 없다.

3. 외계인들은 실은 그리 먼 곳에서 오는 게 아니다

광속 한계가 엄연히 존재하는데도 수많은 UFO들이 지구상에 출몰하고 있다면 가장 단순한 답은 이것이다. 이들은 수십 광년 떨어진 먼 곳에서 개별적으로 오는 게 아니라 지구 주변 어딘가에 있으면서 큰 어려움 없이 수시로 방문하고 있는 것이다.

지금까지의 논의를 바탕으로 할 때, 이것들 중 가장 합리적이고 상식적인 답은 3번으로 보인다. 그렇다면 이들은 대체 누구이며 왜 우리 주변에 상존하고 있을까. 사실은 이 문제와 관련된 많은 자료와 증거들이 존재하고 있다. 그 증거들은 공간적으로는 지구상은 물론 지구 주위의 크고 작은 천체들에 다양하게 퍼져 있으며, 시간적으로는 초고대에서 현대까지에 걸쳐져 있다. 그리고 그것들은 단지 UFO의 정체만을 알려줄 뿐 아니라, 다음과 같은 놀라운 이야기로 우리를 인도한다.

과거 어느 시점에 지구 주변에서 엄청난 우주적 사건이 있었다.

이 사건은 지구와 태양계에 돌이킬 수 없는 파국적 영향을 미쳤고, 설화와 신화, 전설 등의 형태로 인류의 집단적 기억 속에서 면면히 전해져 왔다. 그리고 그 사건의 잔재는 여전히 우리 인류에게 큰 자취로 남아 있다. 나아가 그 오래전의 사건과 관련된 세력과 조직이 지금도 존재하고, 그들 사이에서 사회 주도권의 각축, 경쟁과 모략마저 횡행하고 있다.

이 숨겨진 역사의 비밀은 지구상에 나타나는 각종 UFO는 물론 태양계 행성들의 비밀과 인류 문명의 근원, 나아가 프리메이슨 등 각종 비밀결사에 이르기까지 모든 미스터리들의 궁극적인 바탕과 연결되어 있다. 그것은 고대 이집트와 그리스 이래 인류의 호기심을 자극해온 모든 은비주의의 근저가 되는 가장 거대한 역사적 사건이며, 어느 누구도 함부로 상상하기도, 언급하기도 어려운 태고의 범우주적 기록이다.

이 거대한 이야기를 하나씩 풀어나가기 위해서 우리는 이제 지구가 아닌 태양계의 다른 지역으로 눈을 돌리지 않으면 안 된다. 살해된 행성, 비극의 땅 화성으로.

세계의 외계 행성 탐색 망원경

케플러 우주 망원경

미국의 우주 망원경. 외계 행성 발견
만을 목표로 2010년부터 가동되었고,
2018년 10월 말 가동이 중단될 때까
지 2,600여 개의 행성을 찾는 쾌거를
올렸다. 이렇게 발견한 외계 행성 중
에는 생명체 거주 가능 지역, 소위 골디락스 존Goldilocks Zone에 있는 행성들
과 지구와 크기가 비슷한 행성들이 포함된다. 독일 천문학자 요하네스 케플
러의 이름을 땄다.

외계 행성 탐색 시스템 KMTNet

한국천문연구원의 지구형 외계 행성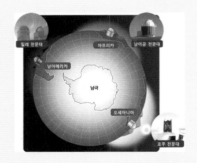
찾기 프로젝트. 각기 시간대가 다른
남아메리카, 아프리카, 오세아니아
의 3개 대륙에 망원경을 설치하여 24
시간 밤하늘을 관측하는 세계 유일의
시스템이다. 2015년부터 본격 가동
되었으며 은하 중심부를 주요 타깃으로 미시중력렌즈 현상을 통해 매년 수십

개 이상의 외계 행성을 찾아내고 있다.

거대 마젤란 망원경 GMT

우리나라가 10퍼센트의 지분을 투자한 직경 25미터급 관측 망원경. 2020년 가동 예정으로 칠레의 라스 캄파나스산 정상에 건립한다. 지구 저궤도에 떠 있는 허블 우주 망원경에 비해 10배 이상의 분해능을 가져 외계 행성을 광학적으로 직접 볼 수 있을 것으로 예상된다.

02
화성에서는 무슨 일이 있었던 걸까

화성에도 생명과 문명이 있었다

1970년대 바이킹 무인 화성 탐사선이 찍어 온 사진들을 통해서 인면암, 사이도니아 지역 등 인공 구조물로 의심되는 화성 표면의 지형에 대한 관심이 촉발되었다. 한눈에 보기에도 사람 얼굴같이 생긴 인면암은 물론, 황금 분할을 적용하여 분석한 사이도니아 지형지물의 배치는 대중의 호기심을 끌기에 충분했고 한때 국제적인 논란과 화성 문명 신드롬의 대상이 되기도 했다.

관련 연구자들이 주로 내세우는 것은 남아 있는 화성 표면에 존재하는 지형들과 인간이 건축한 지구상의 유적이 외견상으로 유사하다는 점, 그리고 성스러운 기하학Sacred Geometry이라고 불리는 지형지물 간의 위치와 특정한 각도들이다. 예컨대 구 안에 정사면체를 채워 넣었을 때 구와 정사면체의 밑면이 만나는 지점은 북위와 남위 약 19.5도가 된다. 이 각은 성스러운 우주의 비밀을 담고 있는 것으로 일컬어지고, 이스라엘 국기의 도안이자 유대인의 상징인 다윗의 별도 이를 의미한다고도 한다.

그러나 이것은 그리 유효한 접근법은 아니다. 이런 각도들의 성스러운 비밀 여부를 떠나, 울퉁불퉁한 지형에 직선을 덧입히고 많은 숫자들과 다양한 공식을 대입한 후 그 속에서 특정 각도를 찾는 작업은 그 자체로서 문제가 있다. 이런 식으로는 연구자가 보고 싶은 숫자라면 뭐든지 발견해낼 수 있기 때문이다. 마음만 먹는다면 방 안의 책상과 침대, 액자, 문 등에서 우주적으로 의미 있는 여러 각도와 비율 등을 어렵지 않게 찾아낼 수 있을 것이다.

그리고 바이킹 탐사선 이후 20여 년이 지나 1990년대에 발사된 무인 화성 탐사선 마스 글로벌 서베이어Mars Global Surveyor가 찍은 인면암을 보면 인간의 얼굴은 물론 인공물이어야 할 개연성도 찾기 어렵다. 특이한 형태에 대한 약간의 의문은 남아 있지만 이 사진을 통해 과거 바이킹 사진의 인면암은 탑재된 카메라의 낮은 해상도, 그리고 빛과 그림자가 만들어낸 착각이었다고 결론짓기에 충분하다.

다만 화성의 기묘함에 대한 의문은 여기에서 끝나지 않았다. 이후 마스 글로벌 서베이어는 물론, 비슷한 시기 화성 표면에 착륙한 패스파인더Pathfinder 등과 최근의 오퍼튜니티Opportunity, 큐리오시티Curiosity 등이 촬영한 수많은 사진들이 쏟아져 들어오며 상황은 다시 역전되어갔다. 바이킹의 인면암 사진 같은 직관적인 충격은 부족하더라도, 찬찬히 들여다보면 오히려 더 흥미로운 많은 영상 자료들이 확보되었기 때문이다. 게다가 화면 해상도도 수백 배 향상되어 빛과 그림자가 만들어내는 착시의 효과도 그만큼 줄어들었다.

이렇게 촬영된 다양한 물체들은 화성의 생명과 문명의 증거로 회자되기 시작했다. 그중 일부 사진들은 인터넷과 국내 언론에 소개되며 화제가 되었는데, 때로 주요 포털의 메인 뉴스를 장식하기도 한

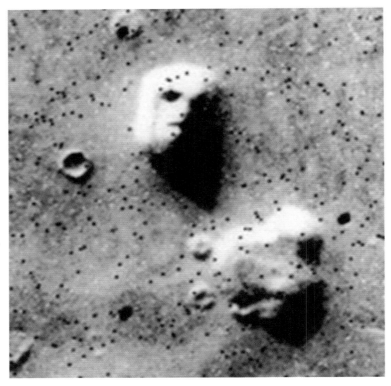

2-1 1976년 바이킹이 찍은 이 사진은 인공적으로 만든 얼굴상이라는 논란을 불러일으켰다.

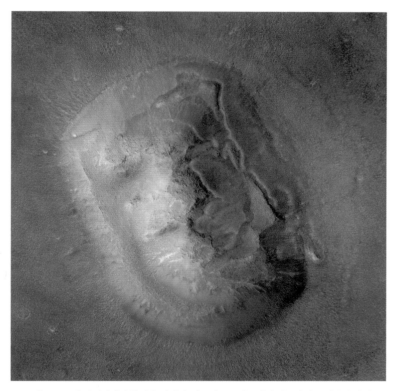

2-2 마스 글로벌 서베이어가 촬영한 인면암. 인공적으로 만들어진 얼굴상과는 거리가 있다.

다. 사진 2-3과 2-4는 화성 표면에서 발견된 '유물'로 마치 낡은 기계장치와 사람 모습을 닮은 석상처럼 보인다.

이런 유의 사진들은 인터넷과 언론을 통해 퍼진 것만도 수백 종에 이르고 있다. 이들 중 일부는 흥미로운 사진들이 분명하고 면밀한 조사가 필요한 경우도 있을 것이다. 하지만 여기에도 함정은 있다. 인간은 분명치 않은 형상을 접했을 때 경험을 바탕으로 사람이나 동물 같은 익숙한 것들을 떠올리는 경향이 있기 때문이다. 이런 경향은 인간 인지력의 밑바닥에 자리한 것으로, 이성적 능력이나 분석력이라기보다는 진화 과정에서 유전자에 뿌리박힌 선험적·무의식적인 것에 가깝다. 그리고 이런 인간적 관점의 개입은 자칫 냉정한 관찰을 저해하는 요인으로 작용한다.

따라서 이런 형상들의 대부분은 직관적인 인상과는 달리 실제로는 그저 특이하게 생긴 돌무더기나 흙덩이일 가능성이 높다. 즉, 우리가 알고 있는 동식물이나 기계장치 등과 비슷해 보인다고 해서 그게 화성의 생명, 나아가 지적 존재의 증거가 될 수는 없는 것이다.

그렇다면 정말 의미 있는 사진들은 없을까. 사진 2-5를 보자. 이 튜브 혹은 터널들은 폭이 약 20~40미터이고 길이는 수백 미터에서

2-3 화성인의 기계장치(?).

2-4 화성의 석상.

2-5 화성의 튜브.

수 킬로미터에 달한다. 이것은 사진상에 드러난 구조나 명확한 디테일 등으로 보아 단순한 광학적 착시 현상으로 일축할 수 없고, 자연적으로 형성된 것이라고 단정하기도 어렵다. 지구상에서 이런 유의 대규모 자연 지형이 발견된 적이 없는 만큼, 화성이 가진 남다른 특성이 유독 이런 것을 만들어낼 수 있도록 하는 지질학적 원리를 밝혀야 하기 때문이다.

흥미로운 것은 이 튜브의 존재를 미리 알았거나 예견한 듯한 두 가지 일화가 있다는 사실. 하나는 19세기 말 미국의 천문학자 로웰*이 제기한 화성의 운하설이다. 그는 오랜 관측 끝에 화성에서 500여 개 이상의 운하를 발견했다고 보고했고, 1895년부터『화성Mars』,『화성과 운하Mars and Its Canals』,『생명 발상지로서의 화성Mars As the Abode of Life』등 여러 권의 책을 출간했으며, 화성에 지구인보다 진보된 종족이 살고 있다고 주장하기도 했다. 하지만 성능 좋은 망원경들이 많이 발명되면서 이후 운하가 발견되지 않자 착각과 집착의 산물로 치부되고 사라져갔다.

무인 탐사선들의 활약

그러나 오랜 시간이 지나 21세기가 다 되어 화성 표면에서 발견된 이 구조물들의 외형이나 특성은 놀랍게도 그가 주장한 운하들과

---

* Percival Lawrence Lowell(1855~1916). 19세기 말 조선을 방문하기도 했던 이 사람은 '고요한 아침의 나라'라는 우리나라의 별명을 지은 인물이기도 하다.

상당히 비슷하다. 어쩌면 로웰이 본 것은 바로 이 튜브들의 흐릿한 모습이었던 것은 아닐까. 그가 관찰하던 당시 어떤 환경적 특성으로 유별나게 눈에 띄었거나, 혹은 그때는 지금보다 더 지표면에 돌출된 상태였을지도 모른다.

2-6 미국 잡지 《놀라운 이야기들》.

이제 사진 2-6을 보자. 이것은 《놀라운 이야기들Astonishing Stories》이라는 1940년대의 미국 잡지다. 오른쪽 아래 'Mars-Tub'라는 제목이 보이고, 왼쪽 위에는 사진 2-5와 똑같은 구조를 가진 길고 투명한 튜브가 그려져 있다. 갈비뼈 같은 원형 지지대가 촘촘히 박힌 점마저 같다. 분명한 것은 1940년대의 관측 기술로는 화성 표면의 이런 디테일한 부분을 확인하는 것은 불가능했다는 점이다. 화성 궤도를 돌았던 바이킹 탐사선조차 저것을 발견하지 못했고, 튜브의 존재와 구조가 확인된 것은 20세기 후반이 되어서다. 이런 점들은 그저 우연에 불과한 걸까, 아니면 모종의 정보나 지식, 혹은 화성에 대한 잠재의식적 기억의 산물일까?

사진 2-7은 화성에서 찍힌 지형이다. 이 사진에서 땅속에 반쯤 묻힌 정사각형의 유적지를 보는 것은 필자뿐일까.

앞에서 언급했듯이, 인간이나 동물 등 우리 눈에 익숙한 형체는 지구상의 산이나 계곡, 숲 등의 거대 지형에서도 얼마든지 찾을 수

2-7 화성의 아라비아 테라 지역.

있으며 인터넷을 통해 알려진 경우도 허다하다. 하지만 각 모서리의
내각이 90도를 이루는 사각형의 대형 구조물은 자연계에서는 거의
만들어질 수 없다는 게 정설이다. 만약 누군가 화성이라는 사실을 모
르고 이 사진을 봤다면 당연히 사막 유적지의 항공사진이라고 생각
했을 것이다. 사진 2-8을 통해 실제 지구상의 유적과 비교해보자.

한편 화성 표면에는 사진 2-9와 같은 '비석'도 여러 개 있는데,
길쭉하게 위로 솟은 직사각형 모양의 기둥 비슷한 형상이라는 점을
알 수 있다. 마치 영화 〈2001 스페이스 오디세이Space Odyssey〉에 등장
하는 월면의 모노리스Monolith를 떠올리게도 하는데, 이런 형태의 바
위는 자연 상태에서 만들어질 수 있다는 주장도 있지만 과연 그 가능

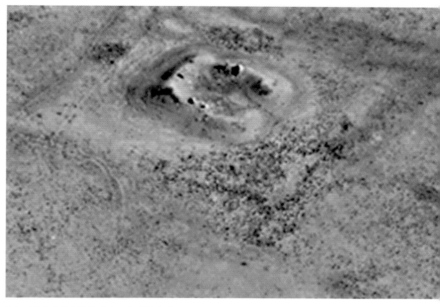

2-8 이란 사사니안 플레이스의 매몰 유적.

성이 얼마나 되는지는 의문이다.

　이런 기둥은 사진 2-10에서 보듯 화성의 위성 포보스Phobos의 표면에서도 발견할 수 있다. 반지름 6킬로미터에 불과한 포보스는 특이한 감자 형태와 9,378킬로미터라는 낮은 궤도(달의 궤도는 지구로부터 평균 38만 킬로미터), 7시간 39분을 주기로 하는 엄청난 공전 속도, 기묘한 궤도의 형태 등으로 속이 빈 인공 구조물이라는 주장이 끊임없이 제기되어왔다.

　또 사진 2-11, 2-12와 같은 물체들도 발견되었다. 이 물체들의 특기할 점은 자연적으로는 만들어지기 어려운 얇고 복잡한 형태, 그리고 돌이나 흙이 아닌 금속성의 질감이 느껴진다는 점이다. 국내 포

2-9 화성의 비석.

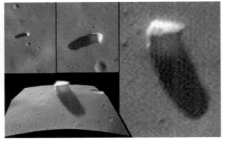

2-10 포보스의 제단.

털 뉴스에서는 외계인 우주선의 잔해라는 관점이 대두되었지만 그보다는 건물의 장식이나 기계 부속품 같은 느낌이다. 인간이나 동물 등 우리에게 익숙한 모습을 닮은 형태보다 오히려 이런 것이 지적 생명체의 가능성을 던져준다고 볼 수 있다.

큐리오시티가 촬영한 사진 2-13도 마찬가지다. 주변 경관과 전혀 맞지 않는 저런 형태의 지형이 자연적으로 존재하기는 쉽지 않기 때문이다.

여기에 선보인 것들은 모두 소저너Sojourner, 오퍼튜니티, 큐리오시티 등 미국의 무인 탐사선들이 촬영한 공식적인 사진들이다. 우리가 교과서에서 배운 '죽음의 별' 화성의 표면은 이처럼 의심스러운 물체들로 뒤덮여 있는 것이다.

이 사진들과 관련된 의문의 정체와는 별개로, 화성에는 거대한 강이 흘렀던 흔적들과 물에 의해 퇴적된 델타의 흔적이 확연하게 남아 있다. 이는 과거 어느 시점 화성에 많은 물이 넘쳐났다는 명확한 증거로, 주류 학자들도 인정하는 객관적인 사실이다. 대량의 물이 지

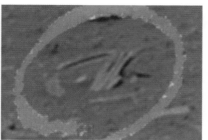

2-11, 2-12 화성 표면의 금속성 잔해.

속적으로 흘렀다는 것은 온도가 빙점 이상이었다는 뜻이고, 대기 역
시 지금보다 훨씬 두터웠다는 의미다. 그때의 화성은 분명 지구처럼
푸른 하늘을 갖고 있었을 것이다.

이런 환경이었다면 생물의 발생과 진화가 일어났을 가능성은 얼
마든지 있다. 어쩌면 그들 중 일부는 지적 생명체로 발전하여 지구와
교류를 가졌을지도 모른다. 기둥을 세우거나 유적을 남기거나 인공
튜브를 만든 존재가 있었다면, 어느 시점에는 로켓을 띄울 정도의
문명이 발달하지 못했을 이유도 없다. 충분한 시간만 주어졌다면 말
이다.

그럼 이제 새로운 질문이 대두된다. 그런 화성은 왜 지금 같은 모
습이 되고 말았을까. 대체 무슨 일이 일어났던 걸까. 한때 풍요로웠
던 행성이 지금처럼 붉은 죽음의 사막으로 변하기 위해서는 거기에
상응하는 원인이 있어야 한다. 거대한 강을 깡그리 말려버리고 농밀
했던 대기를 흩어버릴 정도의 파국적 사태. 그것은 지구상에서 지난
45억 년 동안 일어났던 어떤 재해보다도 크고 강력하고 광범위한 재

2-13 화성의 돌무더기.

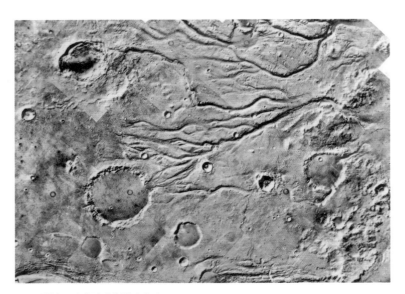

2-14 화성 표면의 강이 흘렀던 흔적.

앙이었을 것이다.

생명과 자연, 나아가 행성 전체를 절멸絶滅의 운명으로 몰아넣은 그 무시무시한 사건은 대체 무엇이었을까…?

화성 탐사선과 탐사 로봇

1960년대부터 최근에 이르기까지 미국, 러시아, 유럽, 일본, 인도 등에서 수십 기의 화성 탐사선이 발사되었다. 발사 시점에서부터 착륙에 이르기까지 사고가 많아 실패율이 높은데, 달 탐사에 비해 훨씬 먼 거리를 항행한 후 중력이 센 지표에 착륙해야 하는 등 여러 가지 어려움이 있기 때문이다.

그런 이유와 높은 비용 때문에 화성 탐사는 가장 성공적이었던 1970년대 미국의 바이킹 1, 2호 이후 한동안 중단되었다가 1990년대에 들어 다시 재개됐다. 1990년대 화성 탐사의 성과는 크게 두 갈래로 요약할 수 있는데, 첫째는 마스 글로벌 서베이어 등 궤도선들에 의한 매핑mapping을 통해 화성 표면의 정확한 지도를 만든 것이다. 그 성과물은 구글이 서비스하는 구글 마스를 통해 누구나 확인할 수 있다.

둘째는 탐사 로봇 로버를 활용한 화성 표면에서의 조사와 연구 활동이다. 1996년 마스 패스파인더에 탑재된 소저너를 시작으로 2004년 3주의 시차로 각각 화성의 반대편에 착륙한 스피릿 오퍼튜니티의 쌍둥이 로버, 그리고 2012년에 착륙한 '화성과학실험실' 큐리오시티 로버 등 총 4대의 로봇이 탐사 활동을 벌였거나 벌이고 있다.

이 탐사선들은 화성의 지표를 돌아다니며 수만 장의 고해상도 사진을 찍어 전송함은 물론, 큐리오시티의 경우 드릴로 지표를 뚫고 표본을 채취할 수 있고, 성분 분석 등 실험도 가능하다. 이들의 활동을 통해 물이 흐른 증거를 확

화성 탐사 로봇의 크기 비교. 가운데 작은 것이 소저너, 왼쪽이 스피릿 오퍼튜니티, 오른쪽이 큐리오시티. 소저너와 스피릿 오퍼튜니티가 태양광으로 작동하는 데 반해 덩치가 큰 큐리오시티는 원자력 전지를 탑재하고 있다.

인하는 등 화성에 생명체가 존재했거나 존재할 가능성은 점점 높아지고 있지만 2019년 현재 실제 생명체가 발견되지는 않고 있다.

이렇게 있는 듯 아닌 듯한 화성의 생명체를 찾기 위해 2018년에 나사는 인사이트 탐사선을 화성에 착륙시켰다. 이 탐사선은 기존 큐리오시티의 몇 센티미터 수준보다 훨씬 깊은, 지표 아래 5미터까지 굴착할 수 있다. 만약 화성에 지구처럼 지하에 물기 있는 흙이 있다면 미생물이 감지될 가능성이 크다.

03

한때 풍요로 가득했을 화성, 누가 살해했나

가로로 길게 그어진 거대한 흉터

붉고 상처 난 행성, 화성의 분위기는 으스스하고 불길하다. 이런 이미지는 동서를 막론하고 신화나 문화 속 화성의 이미지에 공통적으로 투영되어왔다. 이 모습을 보고 있노라면 우리 눈에 익숙한 충돌 분화구crater투성이의 달에 비해서는 표면이 비교적 매끈하다는 것을 알게 된다. 하지만 아무래도 한가운데 가로로 길게 그어져 있는 거대한 흉터가 눈에 들어오지 않을 수 없다.

화성의 대협곡 또는 매리너스 협곡이라고 불리는 이 거대한 계곡은 길이 3,000킬로미터, 깊이 8킬로미터의 어마어마한 규모다. 지구상에서 가장 큰 협곡인 미국 애리조나의 그랜드캐니언이 길이 450킬로미터, 깊이 1.5킬로미터에 불과하다는 점을 생각해보면 이 계곡이 얼마나 거대한 것인지 실감할 수 있다. 게다가 화성의 지름은 지구의 절반에 불과하다.

그럼 이 협곡은 도대체 어떻게 생겨난 걸까. 그랜드캐니언은 수

3-1 화성의 모습.

3-2 매리너스 협곡.

3-3 그랜드캐니언의 위성사진.

억 년간 콜로라도강에 깎이고 주변의 고원이 융기하면서 만들어졌다고 알려져 있다. 하지만 깊이가 히말라야의 해발고도에 달하는 화성의 이 비현실적인 계곡도 그런 방식으로 만들어졌다고 생각하기는 어렵다. 화성에 한때 아무리 많은 물이 흘렀다고 해도 말이다.

사진 3-2는 그 중심부를 클로즈업한 사진이다. 이 모습은 아무래도 강에 의해 생긴 것이라기보다는 무언가에 심하게 긁히거나 길게 파였거나 터져나간 것처럼 보인다. 그랜드캐니언처럼 강물 때문에 만들어진 거라면 주변의 평평한 대지로 물이 흘러나간 자국도 없이 저런 일직선에 가까운 모습으로 형성되는 것은 불가능할 것 같다. 사진 3-3의 그랜드캐니언과 비교해보면 그 형태상의 차이가 얼마나 큰지 한눈에 확인 가능하다.

사진 3-4는 태양계에서 가장 큰 산인 올림포스산이다. 사진에서 드러나는 화성의 전체 곡면과 비교해보면 그 엄청난 크기를 실감할 수 있는데, 정상까지의 높이는 2만 4,000미터로 에베레스트산의 3배에 달하고 산 전체 기반의 직경만도 600킬로미터에 달하는 엄청난 크기의 화산이다.

하지만 직경이 지구의 절반에 불과한 작은 행성에 이렇게 거대한 화산의 존재는 조금 부자연스러운 게 아닐까? 이런 소형 행성에서 이처럼 엄청난 화산을 만들어낸 지질학적 힘은 대체 무엇이며, 그렇게 살아 꿈틀거렸던 화성의 지질학적 에너지는 지금은 모두 어디로 사라져버린 걸까.

화성에는 올림포스산만 있는 것이 아니다. 사진 3-5는 올림포스

3-4 올림포스산.

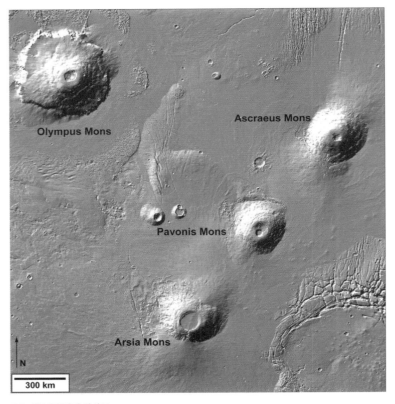

Ascraeus Mons

Olympus Mons

Pavonis Mons

Arsia Mons

N

300 km

3-5 화성의 거대 화산들.

산 주변의 모습을 보여주고 있는데 거대한 화산 3개가 연이어 늘어서 있다. 크기로 미루어 보건대 이 각각의 화산도 지구에 존재했다면 최대의 화산이 되고도 남을 것들이다.

이런 증거들은, 유독 화성의 이 지역에서만 태양계 전체에서 가장 큰 화산들이 연이어 만들어질 정도로 엄청난 지질 활동이 일어났다는 사실을 말해준다. 지구에는 이런 화산들이 거의 없다는 점으로 미루어 볼 때 그 지질 활동은 아마도 지구에서는 한 번도 벌어진 적이 없는 거대한 규모였을 것으로 짐작된다. 특히 높이 24킬로미터의 화산이 만들어질 정도라면 일반적인 화산 폭발이나 지진 등의 차원이 아닌 전체 행성 차원의 대사건이라고 봐도 무방하다.

경천동지의 대참사

이 괴물 화산들이 갑작스레 폭발하며 생성된 상황은 한때 물이 많고 대기가 짙었던 이 행성이 지금 같은 모습이 된 것과 무관하지 않을 것이다. 그 광경을 한번 상상해보자. 땅과 하늘이 뒤집어지며 흙과 바위들이 공중으로 날아간다. 대기가 흩어지면서 한때 파랗던 하늘은 검게, 이어서 붉게 변하고 바다와 강은 증발하거나 얼어붙는다. 이 모든 경천동지驚天動地의 대참사가 불과 며칠 만에 벌어지는 것이다. 이쯤 되면 이제 우리가 접해온 각종 재난 영화의 종말 광경 정도는 우스워진다.

이런 일이 과연 일어날 수 있을까? 답은 '가능하다'다. 이것은 단지 추론이 아니라 화성 표면에 실제로 많은 증거가 드러나 있다. 2008년 6월 27일 자 위키피디아 뉴스는 화성과 관련된 최신의 연구 소식을 실었다. 마스 르네상스 오비터와 마스 글로벌 서베이어 등 무인 탐사선의 조사에 따르면, 화성의 북반구에 '명왕성 크기'의 초거대 소행성이 충돌했을 가능성이 높다는 것이다.

현재 화성의 북반구에는 화성 전체 면적의 40퍼센트에 달하는 움푹 파인 지형이 있는데 이를 보레알리스 분지라고 부른다. 너무나 너른 지역이기 때문에 사진으로 보면 깊이 파인 것으로 느껴지진 않지만, 실제로 이 지역은 남반구에 비해 약 3,000미터나 낮은 거대한 분지다.

1970년대의 바이킹 탐사선이 이 지역의 사진을 찍어 온 이래 이런 특이한 지형이 어떻게 이처럼 거대한 규모로 형성될 수 있었는지에 대해 많은 의문이 제기되었다. 그런데 최근의 관측 자료에 따르면, 직경 2,000킬로미터에 이르는 거대한 천체가 충돌해 만들어졌을 가능성이 크다.

사진 3-6은 화성의 지형을 고도에 따라 색깔로 표시한 것으로 푸른색이 진할수록 낮은 지대, 붉은색으로 갈수록 높은 지대다. 마치 귤껍질을 벗기다 만 것 같은 형상인데 위 절반 가까이를 차지하는 푸른 지역 전체가 보레알리스 분지다. 이것이 소행성 충돌에 의해 만들어졌다면, 행성 하나를 이렇게 부숴놓을 정도의 충돌이 어느 정도의 규모였을지는 감히 상상하기도 어렵다.

하지만 실제 타격은 보레알리스 분지 쪽인 북반구에서 이루어지지 않았을지도 모른다. 사진 3-6의 좌측 아래의 검푸른 원형 지역에 주목하자. 이것은 태양계에서 제일 큰 충돌 크레이터 중 하나인 헬라스 플래니시아인데, 이 크레이터의 직경은 물경 2,300킬로미터에 이

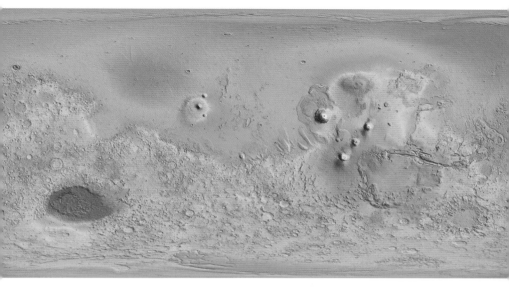

3-6 화성의 고도 분석 사진.

르고 깊이도 7킬로미터나 된다. 북반구의 보레알리스 분지에 비해 푸른색이 더 짙은 것은 그만큼 더 깊다는 뜻이다.

일부 연구자들은 형태나 모양, 깊이 등으로 보아 화성을 절멸시킨 문제의 타격은 바로 여기에서 이루어졌다고 보고 있다. 비록 보레알리스 분지와는 거리가 먼 남반구에 위치하고 있지만 거대한 이 충돌 지형들을 만들어낸 사건이 따로 떨어진 별개의 것이라고 보기는 어렵기 때문이다. 사실 태양계에서 가장 큰 충돌 크레이터와 행성 표면의 40퍼센트를 넘는 거대 분지, 그랜드캐니언의 수십 배에 달하는 계곡, 초거대 화산 등의 기묘하고도 거대한 지형들이 각각 다른 원인을 통해 일어날 가능성은 그다지 높지 않다고 보인다. 아마도 이 모든 것들은 특별한 하나의 사건이 빚어낸 여러 흔적일 것이다.

화성의 생명체들은 살해된 것일까

그렇다면 보레알리스 분지는 도대체 어떻게 만들어진 것일까. 일부 연구가들은 남반구의 헬라스 크레이터에 충돌한 거대한 물체의 운동에너지에 따른 충격파가 화성의 내부를 뚫고 지나가 반대편인 북반구의 지각 대부분을 날려버린 결과로 분석한다.

다소 이해하기 힘든 상황이니 예를 들어보자. 알루미늄 배트로 야구공의 중심을 때리면 공은 배트를 통해 전해진 타격의 운동에너지로 인해 공중으로 날아간다. 그런데 이때 어떻게든 공이 움직이지 못하게 클램프로 단단히 잡아둔다면 어떤 일이 벌어질까? 충분히 세게 친다면 결국에는 배트가 부러지거나 야구공이 찢어지고 말 것이다. 타격으로 인한 충격이 야구공의 운동에너지로 변하지 못하기 때문에 그 에너지가 고스란히 배트와 공의 내부로 향하게 되는 것이다.

물론 화성을 붙잡고 있는 클램프는 존재하지 않지만, 행성은 질량이 엄청나게 크고 중력으로 태양에 묶여 있기 때문에 강력한 충돌이 발생해도 야구공처럼 쉽게 밀려나거나 움직일 수 없다는 점에서 비슷한 상태에 있다. 그래서 대부분의 충돌 에너지가 충격파로 변해 행성의 내부 구조를 헤집으며 이동하게 된다. 이 과정에서 리히터 규모로는 파악도 할 수 없는, 지구상의 인류는 한 번도 경험한 적 없는 괴멸적인 지진과 화산 폭발 등 대파괴가 발생할 것이다.

헬라스 크레이터에 발생한 충돌은 1차적인 타격에 의한 폭발로 일단 주변의 수만 제곱킬로미터를 초토화시키고, 그렇게 만들어진 엄청난 지진파가 몇 시간에 걸쳐 행성의 중심과 내부를 통과해서 사방으로 향한다. 그 에너지로 북반구의 3킬로미터 두께 지각이 외부로 터져나가면서 그 위에 존재했던 모든 것을 우주 공간으로 흩뿌려 버렸을 것이다.

이어 지각과 맨틀 내부에 엄청난 지진파들이 돌아다니며 화산 활동을 유발해 올림포스산을 비롯한 거대한 화산들을 만들어내고, 상상을 초월하는 다량의 용암과 화산재, 분진들을 뿜어냈다. 거대한 매리너스 협곡은 아마도 이 에너지의 분출이 가장 강력하게 집중된 지역일 텐데, 앞의 사진 3-6에서 보듯 대협곡과 4개의 거대 화산들이 모두 가까운 지역에 모여 있다는 것은 우연이 아닐 것이다.

주류 학자들에 따르면 이런 충돌은 수십억 년 전 태양계의 소행성 움직임이 아주 활발하던 시절에 일어났을 거라고 추측한다. 그러나 인류가 화성 표면에 착륙하여 대규모의 지질학적 조사를 벌이지 않는 한 이를 확정할 방법은 없다. 오히려 달 표면과는 달리 평평한 보레알리스 분지에 운석 충돌의 흔적이 거의 없다는 사실을 생각해 보면 이 지형은 수십억 년 동안 존재했던 것이 아니라 비교적 최근에 만들어진 것일 가능성도 없지 않다.

이 점이 바로 우리에게 과감한 상상의 여지를 남겨준다. 만약 이 사건이 그렇게 오래된 것이 아니라면 어떨까? 수십억 년 전이 아닌 불과 수만 년 전에 일어난 일이라면 말이다. 인류의 기록된 역사는 불과 1만 년도 채 되지 않고 그 이전은 2만 년 전이든 300만 년 전이든 그저 같은 선사시대로 뭉뚱그려질 뿐이다. 기록이 남아 있지 않은 한, 그 기간 동안 지구상에서는 물론이고 다른 천체에서 무슨 일이 있었는지는 알 방법이 없다. 신화나 민담, 설화 등의 형태로 남아 있다 한들 일반적인 역사 프레임에 부합되지 않는다면 그저 고대인들의 상상으로 치부될 뿐이다.

그러나 앞에서 살펴본 대로 오래전 화성에는 풍부한 물과 공기가 분명 존재했고, 따라서 다양한 생명체가 살고 있었을 가능성도 적지 않다. 그런 개연성이 있기 때문에 세계 각국의 정부가 수억 달러를 들여 화성에 탐사선과 착륙선을 수시로 보내고 있는 것이다. 만약 화성에 그런 과거가 있었다면, 그들 중 일부는 문명을 세우고 과학을 발전시키고 나아가 우주를 탐사하며 번영해갔을지도 모를 일이다. 지구상에서 우리 인류가 보여준 실례가 증명하듯 일단 생명체가 타고난 지능이 특정한 수준에 도달하고 나면 문명과 과학기술은 비교적 빠른 시간 안에 발전할 수 있기 때문이다.

하지만 그랬을지도 모를 이 행성에 어느 날 하늘 너머로부터 거역할 수 없는 죽음이 다가왔고, 한때 풍요로 가득했던 화성은 그만 생명이 살 수 없는 별로, 말 그대로 살해당하고 말았던 것이다. 운명의 그날 화성에 충돌한 것은 무엇이었을까. 과연 길 잃은 거대 소행성이었을까?

화성의 과학적 팩트

크기: 지름은 6,794.4킬로미터로 지구의 절반보다 조금 크다. 따라서 전체 면적은 지구의 3분의 1에 미치지 않는 작은 행성이다.

위치: 태양 기준 거리 1.52AU(1AU는 태양과 지구 사이의 거리)로 지구에 비해 50퍼센트 더 바깥쪽에 있는 외행성이다.

공전주기: 약 687일로 지구의 365일보다 훨씬 길다.

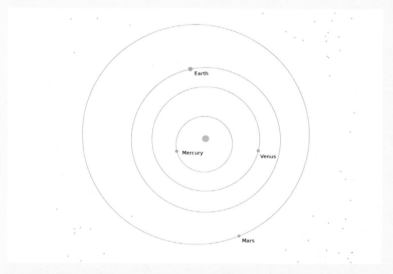

화성의 공전궤도.

자전주기: 약 1.05일로 지구와 거의 같다.

대기: 기압은 지구의 100분의 1 이하로 이산화탄소가 95퍼센트 이상을 차지한다.

평균온도: 영하 47도로 매우 춥다. 그러나 지역에 따라 영상 20도까지 오르기도 한다.

중력: 지구의 3분의 1 정도다.

자기장: 지구와는 달리 거의 존재하지 않는다.

위성: 포보스와 데이모스라는 아주 작은 두 위성이 있다.

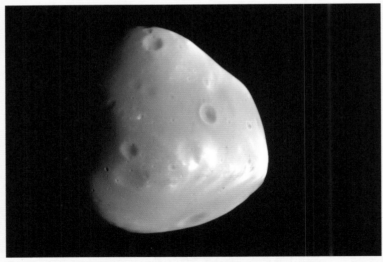

화성의 위성 데이모스. 긴 쪽의 지름이 7.8킬로미터에 불과한 바윗덩어리다.

04
사라진 또 하나의 행성

티티우스-보데의 법칙

티티우스-보데의 법칙Titius-Bode's Law이라는 것이 있다. 프로이센 비텐베르크Wittenberg대학의 교수 티티우스가 1766년에 발견하고 1772년에 베를린의 천문대장 보데에 의해 공표된 이 법칙의 내용은, 지구를 1행성으로 하고 거리의 기준을 1AU(약 1억 5,000만 킬로미터)로 잡으면 n번 행성의 거리 a는 아래와 같이 된다는 것이다.

$$a=2^n \times 0.3 + 0.4$$

이 법칙은 만유인력의 법칙에서 도출된 것이 아니라, 수성부터 토성까지의 확인된 위치를 근거로 경험적으로 산출한 것을 수학적으로 정리한 것이다. 그러나 태양계의 여러 행성에 공히 적용되는 법칙이라면 단순한 우연은 아닐 가능성이 높기 때문에, 이를 근거로 새로운 행성을 찾아내려는 시도가 이후 계속되었다. 이 법칙이 발표된 18세기 말에는 망원경과 관측 기술의 한계로 지구를 포함해 6개의 행성

4-1 태양계의 행성들. 실제로는 그림보다 훨씬 멀리 떨어져 있고 거리도 일정하지 않다.

밖에는 확인되지 않은 상태였지만, 이 방정식을 통하면 아직 알려지지 않은 행성들의 위치도 대략 추정해볼 수 있었기 때문이다. 그렇게 새로운 행성 발견에 매진한 결과 1781년에 천왕성을, 이후 해왕성을 발견하게 된다.

하지만 이 과정에서 한 가지 의문이 생겨났다. 티티우스-보데의 법칙에 따르면 n=3일 때 2.8AU의 위치에 하나의 행성이 있어야 한다. 지구가 1이니 화성은 2, 그다음 행성은 3이 되니까 순서상으로는 목성인데, 실제 목성의 위치는 n=3이 아니라 4에 해당되는 곳에 있다. 즉, n=3에 있어야 할 행성은 그 자리에 없는 것이다. 여기는 목성과 화성 사이의 지점이다.

그러나 그곳이 텅 비어 있는 것은 아니다. 행성이 있어야 할 이

4-2 소행성대. 화성과 목성 사이의 너른 지역에 위치한다. 그림과는 달리 각각의 소행성들은 서로 수백만 킬로미터씩 떨어져 있다.

위치에는 그 대신 무수한 크고 작은 소행성들이 모여 거대한 소행성 대asteroid belt를 형성하고 있기 때문이다.

이 소행성대에는 두께 1억 킬로미터, 너비 2억 킬로미터에 걸쳐 수억 개의 소행성이 모여 띠를 이루고 3.3~6년 간격으로 태양을 공전하고 있다. 그중 가장 큰 것은 2006년에 왜소행성의 지위를 부여받은 세레스Ceres인데 티티우스-보데의 법칙에 의거, 천문학자들은 예전부터 이 세레스를 소행성이 아닌 행성과 비슷한 지위에 놓고 싶어 했다. 그러나 지름이 950킬로미터에 불과해 한반도 정도인 이것을 2.8AU의 위치에 있어야 할 n=3의 답이라고 하기에는 분명 부족한 면이 있었다. 세레스를 제외한 나머지 소행성들은 대부분 말 그대로 바윗덩어리일 뿐이다.

그럼 이제 궁금해진다. 왜 버젓한 행성 대신에 이런 돌 부스러기들이 그 자리를 차지하고 있는 것일까. 이 거대한 소행성대는 도대체 어떻게 생겨난 걸까? 1802년 독일의 천문학자 하인리히 올베르스는 세레스와 그가 발견한 팔라스 등을 포함한 소행성대가 실은 오래전에 폭발한 행성의 잔해일 것이라는 놀라운 주장을 제기했다. 현재는 다양한 반론도 나와 있지만 확실한 검증은 아직 되지 않은 상태다.

물론 그런 일이 있었다고 해도, 주류 학자들은 그 시점을 수십억 년 전으로 잡고 있다. 그들의 입장에서 보면 태양계 형성기 부근으로 설정하는 것이 가장 보수적이면서 안전한 관점*이기 때문이다. 파괴의 원인으로는 목성 인력의 영향이라든가 행성을 묶어둘 접착 물질의 부족 등이 이야기되고 있으나 이것들 역시 추정일 뿐 과학적으로 검증된 것은 아니다.

그러면 이제 지금까지의 논의를 바탕으로 논리적인 추론을 펼쳐보자.

1. 화성 표면에는 직경 2,300킬로미터의 충돌 자국 헬라스 플래니시아가 있다.
2. 그 충돌은 물과 대기가 충만하던 화성을 괴멸시킬 정도로 강력한 것이었다.
3. 화성의 바로 바깥쪽 궤도에는 수억 개의 소행성들이 공전하고 있다.

---

* 음모론이나 신비주의라는 비난을 피하기 위해서 주류 학자들은 거대한 천문학적, 지질학적 사건들의 경우 가급적 오래전으로 소급하는 보수적 입장을 보인다.

4. 이 소행성들은 그 자리에 있던 행성의 잔해일 가능성이 있다.

이런 정황들을 봤을 때 n=3 행성의 파괴가 실제로 일어난 사건이라고 전제한다면, 화성의 궤멸과 뭔가 관련되어 있지 않다면 오히려 이상한 일이다.

행성이 파괴되면서 벌어진 일

보수적인 시각에서 본다면, 저 소행성대는 이미 수십억 년 전에 만들어진 것이고 그중 하나가 어느 시점에 궤도를 이탈해서 화성에 부딪혀 대파국을 이끌어냈다고 가정할 수도 있다. 그러나 필자의 생각은 좀 다르다. 그 이유는 현재 남아 있는 소행성대의 천체 중 가장 큰 세레스의 지름이 950킬로미터에 불과한데, 과학자들이 밝혔듯이 화성에 가해진 충격은 지름 2,000킬로미터가 넘는, 명왕성 크기에 육박하는 훨씬 큰 천체의 운동에너지를 담고 있었기 때문이다. 그렇다면 수억 개의 소행성 중에서 그 당시 가장 컸던 하나가 어느 날 궤도에서 유유히 빠져나와 우연히도 화성과 충돌했다는 뜻인데, 이런 확률은 희박해도 너무 희박하지 않느냐는 것이다.

두 번째로, 문제의 행성(앞으로는 행성 Z로 지칭한다*)이 파괴되어 폭발하는 그때 화성도 타격을 받았을 가능성을 생각해볼 수 있다. 수

---

* 알파벳 마지막 글자 Z는 그리스어의 오메가, 영어 단어의 end를 상징하기 때문이다.

억 개의 잔해들이 사방으로 흩뿌려졌을 것이고 그중 거대한 파편 하나가 우연히 화성의 남반구에 충돌했다는 시나리오다.

이 가정에 대해 더 살펴보기 전에 충돌의 발발 시기에 대해 먼저 생각해보자. 이 충돌이 과연 주류 학자들의 주장처럼 수십억 년 전 태양계 생성기에 일어난 일일까? 이 충돌로 화성은 하늘과 땅이 뒤집어지는 파국을 맞았고, 그 과정에서 모든 물이 증발하거나 얼어붙었다. 따라서 충돌이 언제였든 간에 현재 화성에 남은 강과 델타의 흔적들은 모두 그보다 훨씬 전에 이미 만들어진 것이다. 그럼 다른 행성들은 이제 겨우 자리를 잡고 형상을 갖추어가던 수십억 년 전에 화성에는 이미 거대한 강과 퇴적지가 자리 잡고 있었다는 건가.

화성에서는 지금도 초속 100미터의 강력한 모래 폭풍이 불곤 하는데, 이런 폭풍이 하는 장기적인 역할은 풍화와 퇴적이다. 다시 말해 바람이 산을 깎고 계곡을 메우며 강의 흔적을 지워버린다는 의미다. 비록 화성의 대기 밀도는 지구보다 100배 정도 낮지만 바람만이 아니라 모래를 동반한 폭풍이라는 점이 중요하다. 지구에서는 거의 경험할 수 없는 무시무시한 속도의 폭풍인 만큼 지구에서라면 수백만 년 걸릴 풍화작용도 그보다 빠른 시간 내에 일어날 가능성이 크다. 그럼에도 불구하고 아직 선명한 강줄기의 흔적이 많이 남아 있는 점을 보면, 화성에서 일어난 대충돌은 주류 학계의 견해보다 훨씬 최근인, 어쩌면 수십만 년 전이나 수만 년 전의 일일지도 모른다.

그렇다면 그 시기의 어느 때에 모종의 이유로 소행성대에 있던 행성 Z가 먼저 파괴되고, 이어 거대한 파편이 날아와 화성마저 살해해버렸다는 뜻인데, 이것이 사실이라면 화성과 그 위에 살았을지 모를 생명체들의 입장에서는 여간 불운한 일이 아니다.

4-3 화성의 대충돌 상상도. 지름 2,000킬로미터의 천체와 충돌하는 광경은 이와 비슷했을 것이다.

그러나 조금만 생각해보면 이런 일은 그리 일어날 성싶지는 않다는 점을 알 수 있다. 충돌한 물체의 에너지와 헬라스 크레이터의 임팩트 자국이 너무 큰 탓이다. 이런 상황에서 예상되는 양상은 수많은 비교적 작은 바윗덩어리들의 융단폭격이지, 명왕성 크기의 초거대 파편 하나가 수억 킬로미터를 넘어 날아와서 태양계에 몇 개밖에 없는 행성 중 하나인 화성과 우연히 부딪히는 일은 아니기 때문이다.

행성 Z의 크기가 어느 정도였는지 가늠할 길은 없지만 소행성대의 돌덩어리 잔해들로 보아 목성이나 토성 같은 가스 행성이 아니었던 것만은 분명하다. 그렇다면 크기 역시 그리 거대할 수는 없었을 것이고 지구나 화성, 금성 등의 내행성들과 유사한 정도였을 것이다. 그런데 내행성 중 가장 큰 지구의 지름이 1만 2,756킬로미터인 점을 감안한다면 통째로 폭발한다 한들 지구 지름의 6분의 1에 달하는 명왕성 크기의 파편 덩어리가 많이 생성될 가능성은 크지 않다. 설사 그런 일이 생긴다 한들, 그중 하나가 마침 지나가는 화성 궤도를 지나면서 정면으로 부딪히는 우주적 교통사고의 가능성은 마치 총으로 수백 미터 전방에 날아가는 모기의 뒷다리를 맞히는 것 이상으로 희박할 것이다.

소행성 에로스의 비밀

이쯤에서 우리는 사라진 행성 Z에 대해 조금 살펴볼 필요가 있다. 물론 이미 없어진 행성이니만큼 객관적인 자료는 찾을 수 없다. 그러나 와중에도 간접적인 실마리들은 꽤나 남아 있다. 사진 4-4를 보자.

전형적인 달 표면 같은 지형으로 우리 눈에 무척 익숙한 모습이다. 그런데 자세히 보면 우측 위쪽에 흰 사각형의 점 같은 것이 하나 있다는 것을 알 수 있다. 확대하면 4-5처럼 보인다.

보다시피 직사각형의 형태에 아래쪽으로 길쭉한 관 같은 것이 뻗어 있고, 평평한 지붕은 햇살을 받아 빛나는 듯하다. 우측에 나타난 그림자는 이 물체가 납작한 것이 아니라 어느 정도의 높이를 갖고 있다는 사실도 드러낸다. 이 사진 속의 물체는 대체 무엇일까. 달 표면에 놔두고 온 아폴로 착륙선의 받침대일까. 혹은 화성 표면에 버려져

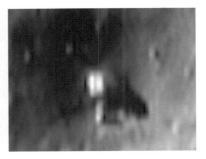

4-4   4-5

있는 무인 탐사선의 잔해인 걸까.

둘 다 정답이 아니다. 이 사진은 화성도 달도 아닌 제3의 장소에
서 찍혔기 때문이다. 놀랍게도 소행성 에로스Eros의 표면이다. 같은
물체를 다른 각도에서 찍은 또 한 장의 사진 4-6을 보자.

이 사진은 2000년 6월 14일, 에로스 상공 52킬로미터에서 촬영된
것으로, 탐사에 참여했던 미국 존스홉킨스대학의 홈페이지에 저장되
어 있다. 자세히 보면 왼쪽 위에 볼록 튀어나온 조그만 돌기를 찾을

4-6 소행성 에로스 표면.   4-7 에로스 표면 물체 확대 사진.

수 있는데, 확대하면 4-7처럼 보인다.

보다시피 주변의 암석 표면과는 확연히 구분되는 금속성의 매끈한 질감과 색, 정확히 90도 각도로 잘려져 있는 외벽과 지붕의 접합부, 창문이나 출입구 등으로 여겨지는 검은 그림자 등, 인공물임을 거의 의심할 수 없는 수준의 독특한 외양과 구조적 특성 및 디테일을 보여주고 있다. 이 놀라운 사진이 찍힌 에로스는 지름이 32킬로미터인 바윗덩어리로, 밀집된 소행성대에 있지는 않고 지구와 화성, 화성과 목성 사이의 궤도에 섞여 공전하고 있는 작은 천체다.

에로스와 관련하여 또 한 가지 특기할 점은 이 작은 소행성을 탐사하기 위해 미국이 무인 탐사선을 보냈다는 사실 그 자체다. 니어NEAR* 라고 이름 붙여진 이 탐사선은 1998년 12월에 에로스에 접근하던 중 로켓에 문제가 생겨 실패하고, 2000년 2월 14일 다시 에로스의 궤도에 진입하여 사진 촬영 등 탐사 활동을 벌인 후, 2001년 2월 12일에는 표면에 착륙하기에 이른다.

이 부분에서 이상한 것은 원래 이 탐사선은 공식적으로는 착륙을 위해 만든 게 아니었다는 점이다. 프로젝트를 진행한 존스홉킨스대학 응용물리학 연구소의 로버트 파쿠하르Robert Farquhar 박사는 "슈메이커의 연료가 거의 바닥이 나서 계획에는 없던 착륙을 시도했다"라며 "착륙 장치가 없기 때문에 매우 부드러운 착륙은 아니었을 것"이라고 말했다. 하지만 지름 32킬로미터의 별 볼 일 없는 소행성 탐사를 위해 수억 달러의 돈이 드는 탐사선을 발사한 것도 납득하기 쉽지

---

* Near Earth Asteroid Rendezvous. 2000년 니어 슈메이커NEAR Shoemaker로 개명했다.

않고, 착륙 장치도 없는 탐사선이 표면에 착륙을 시도하는 게 상식적인 일이며 기술적으로 가능한지도 의심스럽다. 또 슈메이커는 4개의 태양전지에서 컴퓨터와 카메라 등의 주된 동력을 얻는데, 이미 에로스의 궤도에 안착된 상태에서 지구로 귀환할 것도 아니면서 무슨 연료가 그리 필요하단 말일까.

아마도, 굳이 저 초라한 소행성에 탐사선을 보낸 것과 무리하게 착륙까지 시킨 이유는 사진 속 불가사의한 구조물과 어떻게든 관련되어 있는 것은 아닐까. 그들이 사전에 어느 정도의 정보를 가지고 있었는지, 그 정보는 누가 줬는지, 그리고 현장에 가서 무엇을 보았고 억지 착륙이라는 무리수를 두면서까지 할 일이 무엇이었는지는

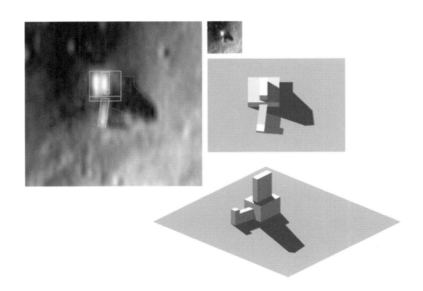

4-8 에로스 표면의 구조물을 3D로 형상화한 추정도.

모르지만 말이다.

흥미로운 것은 과거와 달리 이제 이런 자료들이 기밀로 분류되지 않고 공개된다는 점이다. 이 책에 소개한 관련 사진들은 소행성 궤도를 돌던 슈메이커가 지역별로 찍은 거대한 원본들을 작게 줄여 붙여 놓은 것이다. 따라서 사진 원본에서 저 구조물은 상당히 크게 찍혀 있기 때문에 나사나 존스홉킨스대학 측에서도 보지 못했을 리 없다. 그럼에도 그것을 버젓이 일반에 공개하고 있다. 이는 무슨 의미일까. 이보다 훨씬 더 정밀하고 구체적인 자료들이 존재하기 때문에 이 정도는 유출해도 된다는 걸까, 아니면 일부러 정보를 조금씩 흘리는 걸까.

그들은 거기서 무엇을 보았고, 무엇을 알고 있는 것일까. 만약 에로스의 표면에 있는 것이 실제로 인공 구조물이라면, 그리고 에로스가 다른 소행성들처럼 폭발한 행성 Z의 잔해라면, 여기서 우리는 또 한 가지의 질문에 봉착하게 된다.

파괴된 행성 Z에 한때 문명이 있었던 것일까.

소행성의 이해

소행성은 태양을 공전하는 천체로서 행성과 왜소행성보다 작은 것을 의미한
다. 소행성들이 수억 개 모여 있는 소행성대는 화성과 목성 사이, 2.2AU에서
3.3AU 사이에 있고, 너비는 약 2억 킬로미터, 두께는 1억 킬로미터 정도다.
대중매체에서의 이미지와는 달리 소행성들 사이의 실제 거리는 아주 멀어서,
파이어니어나 보이저, 카시니 등의 외행성 무인 탐사선이 그 소행성대 안을
지나갈 때도 관측할 수 없을 정도다.
한편 해왕성 너머에 존재하는 작은 천체들의 모임은 카이퍼 벨트Kuiper Belt라
고 부른다. 비교적 최근인 1992년에 발견된 이 지역에는 여러 개의 왜소행성
이 존재하고, 2005년에는 이곳에서 명왕성보다 더 큰 에리스Eris가 발견되어
명왕성의 행성 지위 박탈에 결정적인 역할을 했다. 그 결과 명왕성은 현재 카
이퍼 벨트 내의 왜소행성으로 분류되고 있다. 핼리 혜성 등 비교적 공전주기
가 짧은 단주기 혜성의 상당수가 이 카이퍼 벨트에서부터 오는 것으로 알려

소행성대에 존재하는 유일한 왜소행성 세레스. 지름
974킬로미터로 외부 구조는 대부분 물이 언 얼음이다.

져 있다.

카이퍼 벨트의 바깥쪽에는 오르트 구름Oort Cloud이 존재한다. 이 지역은 태양에서 대략 1광년까지에 해당하는 광대한 영역이고 물, 암모니아, 메탄 등의 얼음 조각들이 널려 있을 것으로 추정되고 있다. 2013년 태양에 근접해 사라진 아이손ISON 혜성 등 장주기 혜성이나 비주기 혜성이 이곳에서부터 오는 것으로 알려져 있다.

태양의 중력은 오르트 구름이 펼쳐진 전 지역에 영향을 미치고, 그 끝에는 태양계에서 가장 가까운 항성인 센타우루스자리의 알파성의 중력과 경계를 이루는 것으로 보인다. 한때 명왕성까지로 여겨졌던 태양계의 크기는 오르트 구름의 확립에 의해 수백 배 확장되었다.

오르트 구름을 포함한 태양계. 실제 오르트 구름의 영역은 이곳에 표현된 것보다 훨씬 크다.

메이커스

정식 한국어판
大人の科学
韓国語版

vol.1

70쪽 | 값 48,000원

천체투영기로 별하늘을 즐기세요!
이정모 서울시립과학관장의
'손으로 배우는 과학'

make it! **신형 핀홀식 플라네타리움**

vol.2

86쪽 | 값 38,000원

나만의 카메라로 촬영해보세요!
사진작가 권혁재의
포토에세이 사진인류

make it! **35mm 이안리플렉스 카메라**

vol.3

Vol.03-A 라즈베리파이 포함 | 66쪽 | 값 118,000원
Vol.03-B 라즈베리파이 미포함 | 66쪽 | 값 48,000원
(라즈베리파이를 이미 가지고 계신 분만 구매)

라즈베리파이로 만드는
음성인식 스피커

make it! **내맘대로 AI스피커**

vol.4

74쪽 | 값 65,000원

바람의 힘으로 걷는 인공 생명체
키네틱 아티스트
테오 얀센의 작품세계

make it! **테오 얀센의 미니비스트**

vol.5

74쪽 | 값 188,000원

사람의 운전을 따라 배운다!
AI의 학습을 눈으로 확인하는
딥러닝 자율주행자동차

make it! **AI자율주행자동차**

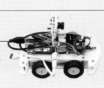

메이커스 주니어

만들며 배우는 어린이 과학잡지

초중등 과학 교과 연계!

교과서 속 과학의 원리를 키트를 만들며 손으로 배웁니다.

메이커스 주니어 01

50쪽 | 값 15,800원

홀로그램으로 배우는 '빛의 반사'

Study | 빛의 성질과 반사의 원리

Tech | 헤드업 디스플레이, 단방향 투과성 거울, 입체 홀로그램

History | 나르키소스 전설부터 거대 마젤란 망원경까지

make it! 피라미드홀로그램

메이커스 주니어 02

74쪽 | 값 15,800원

태양에너지와 에너지 전환

Study | 지구를 지탱한다, 태양에너지

Tech | 인공태양, 태양 극지탐사선, 태양광발전, 지구온난화

History | 태양을 신으로 생각했던 사람들

make it! 태양광전기자동차

05

화성과 행성 Z 사이에서는
무슨 일이 벌어졌을까

/ 이아페투스의 비밀

/ 행성 간 문명 교류가 있었을까

/ 과학박스_ 외행성 탐사선 열전

이아페투스의 비밀

　이미 사라진 행성 Z에 대한 간접적인 고찰이 가능한 곳이 소행성 에로스만은 아니다. 거대한 고리로 신비함을 더해주는 행성인 토성. 타이탄과 레아, 이아페투스, 디오네, 테티스, 미마스 등 발견된 위성만 60여 개에 이르는 이 거대한 가스 행성은 목성 다음가는 크기로 태양계의 외행성계에 군림하고 있다.

　목성보다도 멀리 떨어진 이 행성 주변을 탐사하는 것은 실로 지난한 작업이다. 그러나 1970년대의 보이저에 이어 1997년 미국과 유럽이 공동으로 개발하여 발사한 카시니-하위언스Cassini-Huygens호가 2004년 7월 토성 궤도에 진입함으로써 본격적인 무인 토성 탐사의 첫발을 내디뎠다. 하위언스 탐사선은 2005년 1월 14일 토성 최대 위성인 타이탄의 표면에 착륙했고, 카시니는 토성 주변에서 수많은 사진들을 찍어 보내오게 된다. 이런 활동과 관련해서 우리가 특히 주목할 곳은 토성에서 세 번째로 큰 위성, 이아페투스*다.

사진 5-1은 토성 궤도상에서 카시니가 찍은 이아페투스의 사진이다.

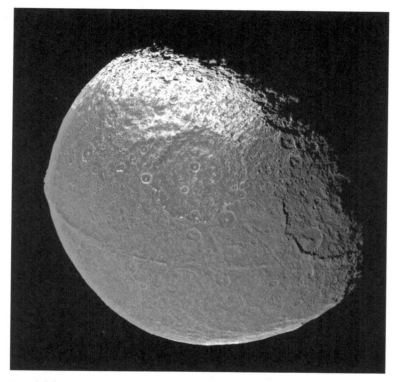

5-1 이아페투스 근접 촬영 사진.

---

* 그리스 신화에서 따온 이름으로, 우라노스와 가이아의 아들이자 프로메테우스의 아버지다. 송곳, 꿰뚫는 사람으로 번역되는 Piercer라는 의미인데 이 책의 내용과 관련해 의미심장한 면이 있다. 미국에서는 '아이아피터스'라고 발음한다.

이 사진을 잘 보면 다른 행성이나 위성과는 구별되는 특이한 점 세 가지가 드러난다. 우측 구석의 얕고 거대한 충돌 크레이터가 먼저 눈에 들어오고, 중앙의 비교적 작지만 여전히 거대한 또 하나의 크레이터도 선명히 보인다. 이어 위성 전체에 걸쳐 일관되게 적도를 따라 나 있는 거대한 '주름'이 관심을 끌 것이다.

마치 2개의 거대한 반구를 붙여놓은 용접 자국처럼 보이는 이 주름은 길이는 장장 4,509킬로미터로 거의 위성 둘레 전체를 감싸고 있으며, 최고 높이는 2만 미터로 에베레스트의 2배가 넘는다. 지구의 지름이 약 1만 2,700킬로미터로 이아페투스의 지름 1,460킬로미터의 9배에 달한다는 사실을 생각해본다면 이 주름의 상대적 크기가 얼마나 거대한 것인지 실감할 수 있다. 일부 학자들은 1억 년 전쯤 단

5-2 〈스타워즈〉 시리즈의 데스스타.

16시간으로 매우 **빨랐던** 공전주기가 현재의 79일로 느려지면서 발생된 결과라고 주장하지만, 이 역시 추측에 불과할 뿐 그 신비는 풀리지 않고 있다.

인공적인 건조물의 인상이 너무 강한 이아페투스의 이 괴이한 주름을 보고 있노라면, 아주 유명한 한 SF영화에 나오는 비슷한 형상의 물체가 연상되지 않을 수 없다.

이와 관련되어 기묘한 사실은, 우리가 보통 미래적인 관점으로 여기는 이 영화 〈스타워즈〉의 맨 첫 장면은 아래와 같은 자막으로 시작한다는 점이다.

A long time ago in a galaxy far far away…

오랜 옛날 아주 먼 은하에서…

초광속 여행과 광선검이 나오는 이야기의 배경을 왜 과거로 설정했는지, 원작자 조지 루카스의 의도를 알 길은 없지만, 이런 기이한 유사성은 단순한 우연을 넘어 실제 존재하는 천체 이아페투스와 상상의 산물인 영화가 무의식적으로나마 어떤 연결점을 지닌 것은 아닌지 의문을 갖게 한다. 칼 융이 주장한 집단무의식이 이렇게 구체적인 영역에서도 발현되는 것일까.

한편 스탠리 큐브릭의 명작 SF영화 〈2001 스페이스 오디세이〉에서는 달에서 거대한 검은 모노리스, 즉 직사각형의 기둥이 발견되고 그곳에서 목성을 향해 모종의 에너지가 방사되는데, 이를 탐사하기 위해 지능을 가진 컴퓨터 HAL9000이 탑재된 유인 우주선 디스커버리호가 출발하면서 이야기가 시작된다. 하지만 아서 클라크가 작업한 동명 소설에서의 스토리는 영화 버전과는 좀 다르다. 디스커버리 탐사선의 목적지가 목성이 아니라 바로 이곳, 이아페투스이기 때문이다. 소설 속에서는 이아페투스에도 달과 같은 형태의 모노리스가 있고, 이곳에 접근한 주인공 데이브 보먼은 외계인들이 오래전에 만들어놓은 스타게이트를 발견하게 된다.

이렇듯, 까마득히 먼 우주가 아닌 인류의 과학기술로 불과 몇 년 내에 도달할 수 있는 태양계 내에도 수많은 신비가 존재하고 있다. 지구 표면에 묶여 사는 우리들은 잘 알지 못하고 이해하기 힘든 태양계 천체들의 불가사의한 특성은 우리가 교과서로 배워온 건조한 태양계와는 사뭇 다른 모습이다.

행성 간 문명 교류가 있었을까

지금까지 살펴본 것들이 만약 고등 문명의 자취라면, 다시 말해 화성과 행성 Z, 이아페투스, 에로스 등에 한때 과학기술을 운용했던 대규모 행성 간 문명의 흔적이 남아 있는 것이라면, 우리는 다음의 과감한 한 문장으로 이 현상들을 한데 묶어버릴 수 있을 것이다.

> 까마득한 옛날 거대한 태양계 문명이 존재했고
> 우리는 과거를 망각한 그 멸망한 문명의 생존자다.

그럼 이제까지 나온 이야기들을 근거로 그 까마득한 과거의 상황은 과연 어떠했을지 추측해보자.

1. 태양계에는 지구, 화성, 행성 Z 등 최소한 3개의 고등한 기술 문명을 가진 행성이 존재했다.
2. 이들은 행성 간 우주여행이 가능한 기술을 보유하고 있었다.
3. 각 행성은 다양한 형태로 교류했을 것이고, 하나의 연합체를 꾸리고 있거나 이합집산을 반복해왔을지도 모른다.
4. 그러던 중 어느 시점에, 알 수 없는 이유로 행성 Z는 완전히 파괴되고, 화성은 괴멸적 재앙을 통해 생명이 살 수 없는 행성이 되고 말았다.
5. 이런 재앙이 벌어지는 과정에서 지구 역시 어떤 형태로든 영향을 받았을 것이다.

그렇다면 여기에서 가장 큰 의문은 무엇일까? 그것은 행성 Z와 화성이 저렇듯 파괴된 이유와 방법이다. 이 궁금증을 풀어내지 못하면 태양계 문명의 실체와 이후 지구와의 관계 등 그 뒤의 이야기들을 끌고 나갈 수 없으니 어떻게든 추리해내지 않으면 안 된다.

하지만 행성 Z는 이미 수억 개의 파편으로 붕괴된 상태이기 때문에 소행성 에로스 등 특별한 예들 외에는 물리적인 증거를 찾기가 어렵다. 그렇다면 지구에서 가까우면서도 많은 미심쩍은 흔적들을 남기고 있는 화성을 통해서 사안에 접근하는 수밖에 없다.

앞에서 봤던 화성의 모습을 다시 떠올려보자. 과학자들에 따르면 화성의 거대한 크레이터는 지름 2,000킬로미터에 가까운 물체가 부딪친 흔적이다. 이 크레이터의 규모는 물론이고, 보레알리스 분지와 마리너스 협곡 등의 상태를 보면 일반 소행성 충돌의 수준을 훨씬 넘어서는 상상을 초월하는 타격이 가해진 것은 의심할 나위 없는 사실이다.

그러나 앞서 말했듯 행성 Z가 폭발했을 때 거대한 파편이 우주 공간을 날아와 부딪칠 가능성은 높지 않다. 그렇다면 이것은 그저 수십억 년 전 태양계 형성기에 비정상적으로 큰 소행성이 우연히 부딪혀 만든 자국일까. 혹은, 무엇인가가 고의로 화성을 죽인 것은 아닐까….

생각해보자. 태양계에 있던 9개의 행성 중 네 번째인 화성과 다섯 번째인 행성 Z, 이웃한 2개의 행성이 철저하게 파괴되었다. 이 사건들에 공통분모는 분명히 존재할 거라고 여겨지지만, 한쪽이 파괴됐다고 해서 다른 한쪽도 저렇듯 대기와 물이 증발하고 지표가 처참하게 찢겨나갈 정도로 괴멸될 개연성은 없다. 어디선가 거대한 천체가 날아와서 행성 Z를 부수고 튕겨나가 다시 화성에 부딪쳤을 리는 없기 때문이다. 그럼 과연 어떤 가능성이 남을까. '두' 세계의 괴멸로 귀결되는 '하나'의 사건에는 어떤 것이 있을까.

우리는 그런 예를 잘 알고 있다. 바로 전쟁이다.

일견 황당해 보이지만, 앞에서 살펴본 것처럼 만약 두 행성에 모두 기술 문명이 있었다면 그런 가능성은 결코 없지 않다. 그리고 실은 이런 가정을 받쳐줄 나름의 정황적 증거들이 존재한다. 돌이켜보면 화성은 고대로부터 전쟁의 신을 상징하며 폭력과 공포, 불길함의 표상이었다. 화성이 굳이 이런 모습으로 인류의 뇌리에 자리매김한데는 그만한 근거가 있어야 한다. 피를 연상시키는 붉은색 별이기 때문일까. 하지만 밤하늘에 붉은 별은 화성 말고도 얼마든지 있다. 수많은 신화와 전설이 그렇듯 여기에도 잊혀버린 선사시대의 기억들이 반영되어 있을 가능성이 높다.

만약 그게 사실이라면 이들 사이에서 왜 거대한 전쟁이 일어났는지, 어느 쪽이 먼저 공격을 했고 왜 행성 Z만 파괴되었는지 그 구체적인 면면을 알아내는 건 아득한 시공간의 장벽 때문에 극히 어렵다. 하지만 다행히도 우리에게는 전혀 다른 각도에서 여기에 접근할 수 있는 의외의 열쇠가 주어져 있다.
바로 우리 지구의 위성, 달이 그것이다.

외행성 탐사선 열전

화성을 넘어선 태양계 바깥쪽으로 탐사한 역사는 생각보다 길다. 1972년 목성 탐사를 목표로 파이어니어 10호가 발사됐고, 이듬해에는 목성을 지나 토성 탐사의 임무를 띤 파이어니어 11호가 발사됐다. 이들과는 교신이 두절되어 현재 태양계를 벗어난 상태로 보이는데, 혹시 모를 외계 생명체와의 조우를 위해 인간과 태양계를 그린 금속판*이 장착되었다.

이후 1977년에는 보이저 1호와 2호가 발사됐다. 보이저 1호는 목성과 토성을 지나며 이들 행성과 위성에 대한 많은 데이터와 사진을 전송했고, 현재는 카이퍼 벨트의 중간 정도를 지나며 인간이 만든 물체 중 지구에서 가장 멀리 떨어져 있다. 오르트 구름의 경계까지는 300년이 더 소요되고, 오르트 구름을 벗

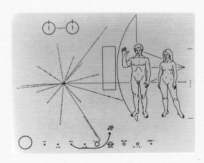

파이어니어호에 부착된 금속판. 인간 남녀의 모습과 지구의 위치, 전파망원경 등이 그려져 있다.

---

* 이 금속판은 『코스모스』로 유명한 칼 세이건이 제안했고, 당시 부인인 린다 세이건이 그렸다.

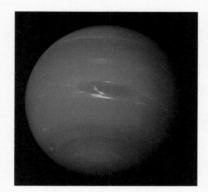

보이저 2호가 찍은 해왕성.

어나는 데는 3만 년이 걸릴 것으로 보인다. 한편 보이저 2호는 태양계 내부의 활동에 보다 집중하여 목성과 토성, 천왕성, 해왕성을 고루 지나치면서 이 행성들과 그 위성들의 많은 데이터와 사진을 전송했다.

보이저 1, 2호에는 금속판 대신 금도금이 된 LP 레코드와 사용법이 포함되었다. 레코드에는 자연의 소리와 다양한 문화권과 시대의 음악, 55개 언어의 인사말, 미국 대통령과 유엔 사무총장의 메시지 등이 들어 있다. 한국어 인사도 포함되었다.

이후 1989년에 갈릴레오호가 우주왕복선 아틀란티스호에서 발사되었고, 1995년 말 목성에 도달했다. 갈릴레오호는 소행성의 위성을 처음 발견했고, 목성 대기 속으로 탐사선을 발사했으며, 목성의 위성 유로파의 얼음 아래 소금 성분이 녹아 있는 대양이 존재할 가능성을 찾기도 했다.

이 책에 자주 소개되는 토성 탐사선 카시니–하위언스호는 미국과 유럽의 합작으로 1997년 발사되어 2004년 여름 토성 궤도에 진입했다. 하위언스 탐사선은 카시니에서 분리되어 2005년 타이탄에 착륙하는 쾌거를 이룩했다. 카시니는 목성과 토성 주위에서 해상도가 높은 아름답고 신비한 사진을 많이 보냈고, 2017년 9월 '그랜드 피날레'라고 명명된 이벤트를 통해 토성 대기를 뚫고 들어가 대량의 자료를 보낸 후 파괴되었다.

그 외에도 목성 탐사선 주노, 명왕성 탐사선 뉴호라이즌스 등이 목적지에 도달해 탐사를 수행했다. 특히 뉴호라이즌스는 2015년 명왕성의 선명한 사진을 최초로 찍어 보내 국제적인 화제가 되기도 했다.

하위언스 착륙선이 찍은 타이탄의 표면. 물처럼 보이는 호수는 액체 메탄이다.

06

달의 정체를 밝혀라

달의 미스터리

인류 역사의 한 획을 그은 1969년의 역사적인 달 착륙. 닐 암스트롱Neil Armstrong을 포함한 세 명의 우주비행사를 영웅으로 만든 20세기 최대의 이벤트이자 인류 문명의 발전과 도약을 증명한 감동과 충격의 대서사시.

그날 이후 수천 년간 인류의 호기심의 대상이었던 달의 실체가 알려졌고, 실은 그리 신비할 것 없는 차가운 돌덩이라는 사실에 실망한 사람들도 적지 않았다. 하지만 그동안의 탐사를 통해 수집한 달에 대한 새로운 데이터들이 오히려 풀리지 않는 온갖 미스터리들을 던져주었다는 사실은 잘 알려져 있지 않다.

이제 이 미스터리들에 대해 한번 알아보자.

달의 크기

우리에게는 너무도 익숙한 달이지만, 실은 달은 지구의 위성이기

에는 지나치게 크다. 달의 질량은 지구의 81.3분의 1이며 반지름은 지구의 4분의 1이다. 모성 대 위성의 이런 비율은 이제는 왜소행성이 되어버린 명왕성의 거대한 위성 카론Charon을 제외하면 태양계에서 가장 큰 것이다.*

사실 태양의 중력이 강하게 작용하는 목성 안쪽의 행성들 중 그럴듯한 위성을 가진 것은 지구뿐이다. 달처럼 무거운 천체는 생성 과정에서 지구를 중심으로 돌기보다는 태양의 중력권에 끌려들어가 행성이 되어버리기 십상이기 때문이다. 수성과 금성은 달이 아예 없고

---

* 카론의 지름은 명왕성의 절반 정도로, 두 왜소행성급 천체가 서로 돌고 있는 쌍성계라고 볼 수 있다.

지구 지름의 반 정도 크기인 화성은 2개의 위성 포보스와 데이모스를 거느리고 있지만 이 위성들은 지름이 불과 몇 킬로미터에 불과한 돌덩이들이다. 그에 비해 달의 반지름은 약 3,508킬로미터로 화성 위성들의 수백 배에 달하고 명왕성보다도 훨씬 크다.

하지만 우리 지구의 크기에 적당한 위성의 규모는 지구 무게와 중력을 고려했을 때 반지름 20킬로미터 수준이 적당한 것으로 알려져 있다. 달의 반지름은 그 90배에 달하는 만큼, 부피 기준으로 보면* 정상적인 경우보다 약 73만 배나 더 큰 것이다. 이런 거대한 달이 작은 지구의 궤도에 묶여 돌고 있다는 사실은 설명하기 무척 어렵다.

한편 지구상에서 보는 달과 해의 크기가 똑같다는 사실도 마냥 우연으로 치부하기에는 불가사의하다. 해는 달에 비해 400배나 크지만, 이상하게도 거리 역시 400배 더 멀다. 그 결과 지구에서 보는 크기, 즉 시지름은 약 31도로서 거의 일치한다. 달이 태양을 완전히 가려버리는 개기일식이 가능한 이유가 바로 이것인데, 다양하기 그지없는 거대 규모의 천체 현상 속에서 항성과 하나뿐인 위성 사이에 이런 우연의 일치가 일어날 확률이 얼마나 될까.

이 동일한 겉보기 크기 덕에 인류의 심리 속에서 달은 태양과 동등한 상징적 무게를 지닌 채 밤과 음陰의 상징물로서 인식되었고, 그 결과 고대 동양의 음양 개념에도 지대한 영향을 미쳤다. 음과 양을 서로 균형을 이루는 힘으로 인식하고 그 조화를 통해 우주 만물의 생성과 소멸을 해석하는 동양적 사고는, 우리 인류가 바윗덩어리만 한

---

* $V = 4/3\pi r^3$

위성 둘을 거느린 화성에 살았다면 생겨날 수 없었을 것이다.

달의 진동

달에서는 매달 지진에 가까운 진동이 발생한다. 이 현상은 지구 중력이 달에 미치면서 벌어지는 현상으로 이해되고 있으나 특이한 점은 매달 같은 시간에 규칙적으로 일어난다는 점이다. 달이 지구에 대한 근접점에 도달하기 닷새 전에 첫 진동이 발생하고 사흘 전에 또다시 반복된다. 이는 단순히 중력에 의한 진동으로는 설명되지 못하는 현상이다.

하지만 그보다 더 불가사의한 것은 달에서 일어나는 진동의 방식. 달 표면에 약간의 충격을 일으켜 그 진동을 지진계로 기록한 결과, 뜻밖에도 그 진동이 3시간이 넘게 계속되었을 뿐 아니라 그 형태 역시 작은 진동에서 점점 커져 극한점에서 오랫동안 지속되는 등, 지구에서의 지진과는 전혀 다른 종류라는 것이 밝혀졌다.

이런 진동을 얻을 수 있는 가장 일반적인 방법은 범종梵鍾을 치는 것이다. 보신각 타종에서 보듯 종의 한 지점을 적당한 힘으로 두들기면 그 진동은 종의 재질과 형태에 따라 점점 증폭되어 울림이 오랫동안 안정된 상태로 계속된다. 결론적으로, 이런 진동을 가능케 하는 가장 단순한 답은 그 물체의 속이 비어 있다는 것이다.

달의 구성 성분

달 내부 지진파의 연구 과정에서 그 전달 속도가 초고속이라는 점이 아울러 밝혀졌다. 일단 생성된 지진파의 속도는 지하 약 64킬로미터 지점부터 급속히 빨라져 초속 9.6킬로미터에 달했다. 파동의 전달 속도가 이처럼 빨라졌다는 것은 밀도가 높은 물질을 통과한다는 의미.

하지만 이와 비슷한 깊이부터 시작되는 지구 맨틀의 상부 고밀도 암석층에서 지진파의 속도는 초속 8킬로미터를 넘어서지 못한다. 이는 달의 지표 아래에 지구의 암석보다 더 밀도가 높은 물질이 있어야 한다는 뜻이다. 암석보다 밀도가 높은 것은 바로 고체 상태의 금속이다. 실제로 달의 표면에는 철, 티타늄, 크로뮴, 베릴륨, 몰리브데늄, 이트륨, 지르코늄 등 지구에서는 희귀한 금속이 널려 있으며, 이 중 티타늄과 지르코늄은 내열성이 강하여 우주선의 재료로 사용되기에 적합한 물질이다. 그러나 섭씨 5,000도의 고온에서만 생성 가능한 이 금속들이 달 표면에 존재한다는 점은 수수께끼다.

그뿐만 아니라 구소련의 무인 탐사선이 가져온 달의 철은 십수 년의 세월이 지나도록 일체의 미세한 산화작용도 보이지 않고 있다고 보고되었다. 그러나 모든 자연 상태에서의 철은 특성상 필연적으로 녹이 슬게 되어 있으며, 이를 막을 방법은 알려져 있지 않다. 우리는 알지 못하는 특수한 가공을 거친 것일까.

달의 기원

세계 대부분의 지역에 존재하는 대홍수 이전의 세계에 대한 묘사 속에는 달이 언급되지 않는 경우가 많다. 그들에게 밤하늘에 빛나는 존재로 묘사되는 것은 달과는 비교도 할 수 없이 작게 보이는 금성 Venus이었다.

남아프리카 부시맨족의 신화는 홍수 이전에는 밤하늘에 달이 보이지 않았다고 전하고 있다. 그리스 남서부 펠로폰네소스에 있었다는 전설상의 나라 아르카디아의 구전에 따르면 홍수 이전에는 걱정과 슬픔을 모르는 천국 같은 세상이 있었으며 달은 홍수 후에 나타났다. 그리고 이집트 알렉산드리아 대도서관의 감독관이었던 아폴로니우스Apolonius는 BC 3세기에 "과거에는 지구의 하늘에서 달을 볼 수 없었다"라고 기록하고 있다. 한편 핀란드의 서사시 칼레왈라와 남아메리카 전설은 대홍수 등 우주 대격변의 원인이 달에 있다고 말하고 있다.

달은 고대 외계인이 만든 강력한 무기였을까

앞의 다양한 단서들을 조합하면, 달의 내부는 비어 있고 두꺼운 금속 껍질로 덮여 있으며 표면에는 녹슬지 않는 철 조각이 굴러다니고 있다. 무엇보다도 대홍수 이전에는 달이 지구궤도에 아예 없었다는 것이다. 하지만 이 모든 것들은 간접적인 정황일 뿐이다. 이것이 전부일까. 보다 직접적인 증거는 없을까.

사진 6-2는 아폴로호에 의해 촬영된 '성castle'이다. 추정 높이는 몇 킬로미터에 달하며 이런 구조물은 달의 여러 장소에서 발견·촬영되었다고 알려져 있다.

사진 6-3은 2개의 거대한 탑 사진이다. 디테일이 드러나지 않도록 나사에 의해 흐릿하게 지워져 있다.

그 외에도 나사가 직접 찍어 온 달 표면의 수많은 기묘한 물체들

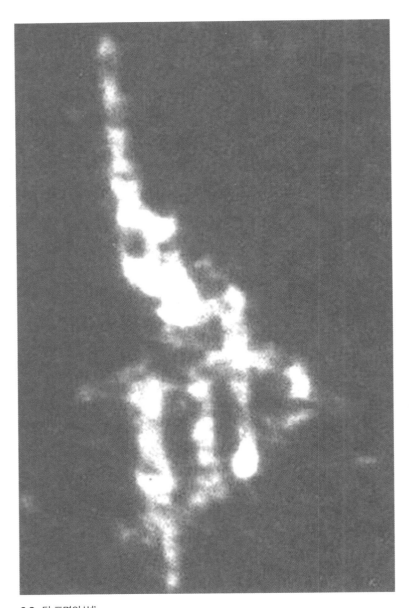

6-2 달 표면의 '성'.

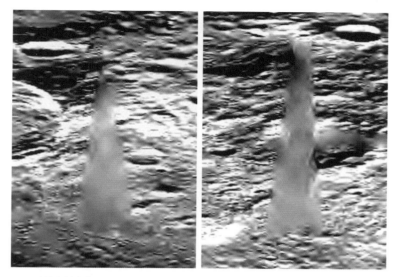

6-3 지워진 월면의 탑형 구조물.

의 사진이 있고, 관련 인터넷 사이트들은 물론 나사의 홈페이지에서
도 확인이 가능하다.

한편 사진 6-4는 그 디테일로 인해 충격적인데, 현재 르완다에
거주하고 과거 미국 벨연구소의 연구원이었다는 미국 출신 윌리엄
러트리지William Rutledge가 공개한 영상의 일부다. 그에 따르면 아폴로
17호 이후 예산 관계로 중지된 것으로 알려진 아폴로 계획이 실은 비
밀리에 이어졌으며, 아폴로 20호는 달의 뒷면에 착륙, 거대한 도시의
잔해와 우주선 등을 촬영했다는 것이다.

사진 6-4는 나사에서 공식 발표한 것이 아니기 때문에 진위 논란
이 있을 수 있음을 밝혀둔다. 하지만 사진 6-5에서 보듯 아폴로 15
호에 같은 형태가 낮은 해상도로 찍혀 나사에 의해 공개된 바 있다.

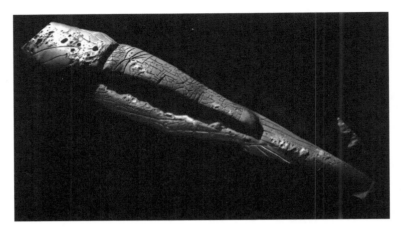

6-4 우주 전함.

6-5 아폴로 15호가 촬영한 유사 물체.

지구와 행성 Z는 동맹 관계였을까

이제쯤 우리는 다시 〈스타워즈〉의 데스스타를 떠올리게 된다. 영화 속에서 그 거대한 인공 달은 우주항공모함의 역할과 함께, 레이아 공주의 고향인 앨더런을 파괴하는 강력한 광선 무기도 보유하고 있었다. 마찬가지로 지구의 이상한 위성인 달도 고대의 외계인에 의해 만들어진 우주기지이자 무기일지도 모른다.

그렇게 보기에는 너무 거대하다고 생각할 수 있지만, 적당한 크기의 소행성을 코어로 사용해 내부에 거주를 위한 빈 공간을 두고 그 위에 껍질을 덧붙여 건조한 것이라면 과학기술이 매우 발달한 문명에서는 불가능하지 않을 것이다. 하지만 달이 무기였다고 해도 그 공격 목표는 지구가 아니었다. 이 점은 우리 인류가 현재 멀쩡히 살아 있다는 사실 하나로 간단하게 증명된다. 그렇다면 누가 무엇을 위해 만든 걸까.

공전궤도상 세 행성은 태양으로부터 지구, 화성, 행성 Z의 순서로 놓여 있었다. 따라서 화성이 Z를 공격하고자 한다면 오히려 타깃과 멀어지는 지구 쪽으로 무기를 보낼 이유는 없다. 미사일이든 광선무기든 거리가 멀어지면 그만큼 약해지고 부정확해질 수밖에 없기 때문이다. 반면 행성 Z의 입장은 다르다. 비록 모성에서 멀리 보내야 한다는 부담은 있지만 일단 지구궤도에 올려놓으면 화성과의 거리는 적어도 Z에서와 비슷하거나 더 가까울 것이고, 모성과는 다른 위치에서 양면으로 화성을 압박할 수 있다.

하지만 이때 지구상에도 사람이 살고 있었으니, 행성 Z가 지구궤도에 거대한 무기를 띄울 수 있으려면 다음과 같은 조건 중 일부가 충족되어야 한다.

1. 지구인들의 과학기술이 발전하지 못해서 우주 공간에서 무슨 일이

일어나든 간여할 수 없었다.

2. 지구는 행성 Z와 동맹 관계거나 우호적인 입장이라 행성 Z로서는 그런 지구를 화성의 공격으로부터 방어해야 할 필요가 있었다.

3. 지구는 화성과 우호적 관계가 있거나 화성의 식민지였고, 행성 Z는 그런 화성을 압박하고 화성에 의한 모성 공격을 차단하기 위해 지구를 인질로 삼았다.

정황상 2번이 그중 합리적인 답으로 보인다. 그 이유는 우리 지구인들에게 아직도 남아 있는 화성에 대한 적대감과 두려움 때문이다. 앞서 언급했듯 화성은 언제부터인지 모를 과거부터 불길함의 상징이며 전쟁의 신으로 불렸다. 게다가 위성 포보스는 그리스 신화에서 공포의 신이며 또 다른 위성 데이모스는 근심과 걱정의 신이다. 이는 인류가 아주 오래전부터 갖고 있던 화성에 대한 공포와 불신을 상징한다.

이런 관념은 단지 과거의 것만이 아니다. 인류는 현재까지도 화성인에 대한 '현실적인' 존재감과 두려움을 가지고 있다. 20세기 중반까지도 서구 사회에서 외계인은 통칭해서 화성인이라고 불리곤 했다. 화성인을 뜻하는 영어 단어 마션Martian은 사전에 등재된 공식 어휘인 데 반해, 금성인이나 목성인 등은 따로 지칭하는 단어가 그 수준으로 규정되어 있지 않은 점에서도 그 확연한 차이를 알 수 있다.

1898년에 발표된 영국 작가 H. G. 웰스의 고전 SF소설『우주 전쟁The War of the Worlds』에서도 화성인은 갑자기 지구를 침공해 무작위적 살육을 벌이는 두려운 존재로 묘사된다. 〈시민 케인Citizen Kane〉을 통해 현대 영화기법의 정립자로 알려진 오손 웰스Orson Wells는 1938년 10월 30일, 이 소설을 기반으로 한 라디오 프로그램 속에서 화성인의 침공을 사실적으로 보도해 미국 전체를 극도의 패닉 상태로 몰아넣기도 했다. 수많은 사람들이 쉽게 속고 공포에 떨었다는 사실은 화성의 이미지와 관련되어 시사하는 바가 크다.

그 외에 화성과 관련된 소재를 다룬 소설, 만화, 영화는 셀 수도 없이 많고 그 대부분은 전쟁이나 재난, 멸망, 잊힌 비밀 등과 관련된 이야기들이다. 그렇다면 이 모든 것의 바탕이 되는 어떤 원형적 사고가 있는 것일까. 분석심리학의 개척자 칼 구스타프 융Karl Gustav Jung의 관점대로라면 화성과 관련된 일종의 집단무의식이 인류의 뇌리 깊은 곳에 자리하고 있을지도 모른다. 그 집단무의식은 아득한 옛날에 있었던 두려운 화성인들과의 기억에서 비롯된 것일까.

일종의 데스스타를 지구궤도에 띄워놓을 정도로 행성 Z와 가까운 관계였던 지구는 반대로 화성과는 오랜 기간 적대적인 입장에 있었을 가능성이 크다. 비록 직접적인 타격을 받지 않았더라도 두 행성이 파괴되는 가운데 전 지구적 차원의 엄청난 재앙을 겪게 되었을 것이다. 갑작스러운 중력 균형의 붕괴에 따른 대지진과 홍수는 물론, 자전축과 공전궤도마저 불안해져 낮과 밤, 계절이 뒤바뀌어버린다. 만약 당시 지구에 번성했던 고등 문명이 있었다면 그 과정 속에서 급속한 멸망의 길을 걸었을 것이 분명하다.

밤하늘의 행성들이 불타며 지진과 홍수로 천지가 뒤집어지는 가운데 지구인들이 느꼈을 공포와 혼란, 좌절이 어땠을지는 상상하기도 어렵다. 이어 그 모든 극단적인 감정들은 온전히 적대적이었던 화성에 대한 공포와 분노로 전이되고, 그 감정들은 여러 가지 형태로 변형되어 구전되면서 대를 이어 먼 후손들에게 전해지고 각인되어간다.

그리고 이런 기억은 화성에 대한 것과는 별개로 언제 다시 닥칠지 모를 대재앙에 대한 공포, 세상의 끝에 대한 두려움과 강박 관념을 인류의 마음속에 본능처럼 새기게 되었을 것이다. 그런 이유 때문에 우리 인류는 최후의 심판이나 말세, 지구 멸망 같은 소위 둠스데이 시나리오에 그토록 쉽게 빠져들고 마는 것인지도 모른다. 수천 년, 어쩌면 수만 년이나 지속해온 위대한 문명이 한순간에 사라져버릴 수 있다는 믿기지 않는 현실. 그것은 개인적인 죽음에 대한 공포보다 훨씬 크고 무거운, 가히 절대적 허무가 아니었을까.

하지만 여기서 한 가지 생각해볼 것이 있다. 화성과 행성 Z가 거의 동시에 멸망의 길을 걸으면서도 이처럼 강력한 공격을 할 수 있었던 것은 그 공격이 둘 다 모성에서 비롯된 것이 아니었기 때문이다. 만약 그랬다면 한쪽은 살아남았을 것이다. 그런데 화성을 파괴한 것이 창밖에 떠 있는 저 핏빛 달이었다면 행성 Z를 가루로 만든 무기는 무엇이었을까. 행성 하나를 송두리째 날려버릴 수 있는 힘을 가졌던 또 하나의 무기가 있었던 것일까. 그렇다면 그 무기도 저 달처럼 어딘가에 남아 있어야 하지 않을까.

고장 난 데스스타 이아페투스

앞서 등장했던 이아페투스로 돌아가보자. 길이 4,500킬로미터,

높이 20킬로미터나 되는 거대한 주름을 가진 토성의 이 기괴한 위성. 주류 과학자들도 태양계에서 가장 기이하고 불가사의하게 여기는 천체다. 이 불가사의한 주름과 거대한 분화구로 인해 이아페투스가 외양부터 달보다 더 '데스스타'답다는 점은 굳이 강조할 필요도 없다. 그러나 이런 독특한 외형만을 그 근거로 삼기에는 부족하다. 다른 증거들이 있어야 한다.

사진 6-6은 카시니가 찍은 이아페투스의 모습이다. 한눈에도 우측 구석이 이상하게 검다는 사실을 알 수 있는데, 형태나 질감으로 보아 그림자는 아니다. 이 위성 표면의 명도 차이는 엄청나서 어두운 쪽은 알베도Albedo(반사율)가 0.03~0.05인 데 반해 밝은 쪽은 0.5~0.6에 달한다. 알베도 0.5는 지구 평균인 0.31보다 훨씬 높은 것이고 0.03~0.05는 말 그대로 숯 검댕 수준이다. 수십 년 전 보이저호가 이 위성의 검은 표면을 촬영한 후 학자들 사이에 많은 논란이 있었지만, 훨씬 높은 해상도의 카메라를 장착하고 근접 촬영에 성공한 카시니 탐사선에 의해 단순한 우연이나 빛의 착각이 아니었다는 점이 명백히 밝혀졌다.

그렇다면 위성 표면의 광대한 부분을 차지하고 있는 이 검은 물질은 무엇일까. 그동안 학자들이 들고 나온 복잡하고도 다양한 추정이 있지만 필자는 가장 단순한 답을 제시하고자 한다. 이것은 실제로 검댕이 아닐까. 즉, 탄소가 주성분인 불의 그을음, 화약류의 잔재 말이다. 그렇다면 이런 검댕으로 지름 수천 킬로미터의 위성 표면을 뒤덮으려면 어떤 일이 일어나야 할까. 바로 근거리에서의 거대한 폭발이다. 그것도 행성 규모의.

6-6 카시니 탐사선이 촬영한 이아페투스.

그럼 이제 추리의 나래를 펼쳐보자. 티티우스-보데의 법칙을 빌려 와도 행성 Z의 '크기'를 추산하는 것은 불가능하다. 남아 있는 소행성 잔해들의 구성 성분으로 볼 때 목성이나 토성 같은 거대한 가스 행성은 분명 아니다. 그렇다면 대략 태양계의 지구나 금성, 화성 등의 내행성들과 비슷한 정도라고 추정할 수 있다는 점은 앞에서도 말한 바와 같다. 여기에 더해 이아페투스가 달보다 작다는 점을 감안하면 다음과 같은 추론이 가능하다.

1. 행성 Z는 화성보다 작거나 비슷한 크기였다.
2. 화성에서 멀리 떨어져 지구궤도를 도는 달의 위치나 이아페투스와의 크기 차이로 보아 달은 원거리 저격용(광선) 무기임에 반해 이아페투스는 근접 파괴용(폭파) 무기였을 것이다. 이는 화성이 완전히 파괴되지 않은 채 생태계만 파괴된 데 반해 행성 Z는 산산조각이 났다는 사실을 통해서도 뒷받침된다.
3. 행성 Z에 근접하여 폭파 임무를 완수한 이아페투스는 폭발의 잔재인 그을음과 거대한 충돌 분화구 몇 개를 얻고 외행성계 쪽으로 튕겨 가게 되었다.
4. 이렇게 날아가던 이아페투스는 진행 방향에서 만난 토성의 강한 인력권으로 궤도에 안착하고 결국 위성이 된다.

이런 추론을 받쳐주는 하나의 정황이 있다. 앞서 말했듯, 천문학자들에 따르면 이아페투스는 거대한 토성을 한 바퀴 도는 데 16시간이 소요될 정도로 초고속으로 공전했었다. 그러던 것이 무슨 이유에서인지 매우 짧은 기간 안에 현재의 79일로 느려졌다고 추정되고 있다. 이것이 사실이라면 엄청난 속도로 튕겨나가던 이아페투스가 토성의 인력권에 걸려들어 고속 회전을 시작하고, 이어 수십, 수백 년이 지나면서 조금씩 느려져가는 모습이 자연스럽게 떠오른다.

이렇게, 고장 난 데스스타 이아페투스는 태고 우주전쟁의 비밀을 간직한 채 오늘도 머나먼 토성 주위를 말없이 돌고 있는 것인지도 모른다.

아폴로 계획과 달 탐사

아폴로 계획은 1961년부터 1972년까지 미국에 의해 진행되었다. 그 계기는 1961년 5월 25일 대통령 존 F. 케네디가 미 의회에서 10년 안에 인간을 달에 보내겠다는 선언을 한 것에 기초한다.

당시 미국은 우주 경쟁에서 소련에 많이 뒤처져 있었고 잦은 실패로 자존심이 구겨진 상태였다. 인간의 달 착륙을 지상 목표로 삼은 아폴로 계획은 그런 상황을 일거에 역전시킬 수 있는 미국의 카드였던 것이다.

이렇게 체제 경쟁의 의미가 있었던 만큼 당시 나사의 예산은 미국 총생산의 4퍼센트에 달했고, 수많은 고급 인력이 참여했으며, 사고와 인명의 희생도 감수하며 진행됐다.

아폴로 계획은 1호 테스트부터 화재로 세 명 모두 사망하는 악재를 겪었고, 아폴로 4호부터 실제 발사되기 시작했다. 4호부터 7호, 그리고 9호는 지구 저궤도에서 사령선 등의 시험을 위해 쓰였고, 8호는 사령선의 달 궤도 진입을 시행해 크리스마스이브에 달에서 본 지구의 사

아폴로 계획의 로고.

아폴로 8호가 찍은 달에서 본 지구.

진을 인류 최초로 전송하는 데 성공했다.

이어 아폴로 10호는 달 착륙선의 리허설을 실시했고, 닐 암스트롱과 버즈 올드린, 마이클 콜린스가 탑승한 아폴로 11호가 드디어 달 착륙에 성공한다. 당시 실패 가능성이 너무 높았기 때문에 닉슨 대통령은 실패에 대비한 연설문을 따로 준비하고 있었다.

흔한 오해와는 달리 아폴로 11호 이후에도 많은 우주인들이 달에 발을 내디뎠다. 중도에 실패하고 귀환한 아폴로 13호를 제외하고 12호부터 17호까지 달에 착륙했고 탐사와 과학 실험 등 여러 가지 미션을 수행했다. 20호까지 계획이 잡혀 있었지만 예산 삭감으로 취소되었다.

새턴 5호 로켓

독일의 V2 미사일을 주도했던 폰 브라운의 아이디어로 만들어진 로켓이다. 3단식으로 구성됐으며 1단의 메인 엔진 출력만 1억 6,000만 마력으로 3,500톤의 무게를 20초 만에 시속 3만 6,000킬로미터로 가속시킨다. 아폴로 4호와 6호, 8호에서 17호까지 쓰였고 이후 스카이랩 우주 정거장을 발사하는 데도 사용됐다. 현재까지도 가장 강력한 로켓으로 남아 있다.

3단 로켓을 사용한 이유는 일반 인공위성이나 스페이스 셔틀과는 달리 지구 궤도를 벗어나 달까지 항행하기 위해 강력한 추진력과 여러 겹의 가속이 필요하기 때문이다. 1단과 2단은 발사와 초기 가속에 사용됐고, 3단은 궤도에 안착하고 지구 중력의 탈출 속도인 초속 11.2킬로미터를 얻는 마지막 가속에 쓰였다.

일단 필요한 속도를 얻고 나면 지구와 달 사이의 우주 공간에서는 감속이나 궤도 수정이 필요한 경우 외에는 로켓 추진 없이 관성으로 항행할 수 있다.

플로리다주의 케이프 캐너배럴에서 발사된 새턴 V 로켓.

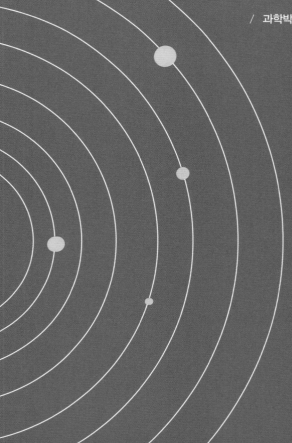

07

BC 1만 500년, 지구에 무슨 일이 일어난 걸까

지구상의 모든 문명권에 대홍수의 기억이

이렇게 두 행성은 파괴되었고 태양계 문명 중 오직 지구만이 살아남았다. 그럼 이 시기 지구에는 어떤 일이 일어났을까.

1982년의 소위 '행성 직렬'*이나 1999년의 그랜드 크로스Grand Cross 등에서처럼, 행성들이 특정한 형태나 구조로 늘어서면서 만들어낼지도 모를 중력 불균형의 우려는 둠스데이 시나리오에서 자주 거론되는 테마다. 물론 그때 별다른 일이 일어나지 않았고 이런 현상이 실제로 지구에 작은 영향이라도 줄 수 있을지 증명된 바도 없다. 하지만 행성이 폭발하는 수준의 파괴적 사태가 벌어진다면 그 여파는 분명 적지 않을 것이다. 생태계 전체가 증발할 정도의 엄청난 충격을 받은 화성은 공전궤도가 심하게 뒤틀렸을 것이고 행성 Z는 아예 존재조차 사라지고 말았다. 이런 우주적 대파국이 태양계의 중력 분

---

* 태양계의 행성 대부분이 태양을 중심으로 십자가 형태로 늘어서는 현상. 일부 종말론자와 예언 연구가들에 의해 종말의 징조로 여겨졌다.

7-1 아라라트산의 노아의 방주 상상도.

포에 미친 영향은 적지 않았을 것이며, 진원지에 가깝게 있던 지구에 괴멸적인 재앙이 엄습했을 것임에는 의문의 여지가 없다.

그렇다면 이 재앙은 과연 어떤 것이었을까.

인류의 고대사를 살펴보면 놀랍게도 지구상의 모든 문명권에 걸쳐 비슷한 시기에 비슷한 스토리를 전하고 있다는 점을 알 수 있다.

성서에 등장하는 노아의 방주를 필두로 아틀란티스를 멸망시킨 대홍수 전설, 아파치와 모하비 등 북아메리카 원주민 전승, 인도의 힌두교 전승, 이집트 전승, 잉카 전승, 아즈텍 전승, 수메르 전설, 바빌로니아 전설, 백두산 신화, 중국 신화 등 실로 모든 대륙에 걸쳐 존재하는 까마득한 옛날 대홍수의 기억들이 바로 그것이다.

통신과 교통이 발달한 지금과 달리 서로 완전히 격리되어 다른 행성이나 다름없던 이 지역들이 같은 기억을 공유하고 있다는 사실은 우연으로 치부하기 어렵다. 그렇다면 실제로 어느 시기에 지구 전체를 강타하고 문명을 괴멸시키다시피 한 대홍수가 있었던 것이다. 이런 범지구적 홍수는 국지적 지진이나 일반적인 자연 현상으로는 설명하기 어렵다.

이 홍수가 일어난 때는 언제일까. 그것은 대략 BC 1만 500년으로 추정되는데, 여기에는 많은 정황 증거가 있다.

> 1. 마지막 빙하기는 약 1만 년에서 1만 2,000년 전 사이에 끝났다. 빙하기가 이때 끝난 이유는 정확하지 않으나 이 시점에서 범지구적 기후 변화가 있었던 것은 분명하다.
> 2. 매머드와 아이리시 엘크 등 다양한 생물들이 비슷한 시기 한꺼번에 멸종했다.
> 3. 컴퓨터 분석 결과 이집트 기자의 스핑크스는 BC 1만 500년 태양이 사자자리 0도에서 뜨는 방향을 향하도록 만들어져 있다.
> 4. 기자의 대피라미드는 BC 1만 500년의 오리온자리 삼태성三台星의 형태에 맞춰 건설한 것이다.
> 5. 캄보디아의 앙코르와트Angkor Wat는 BC 1만 500년 하늘의 용자리에 맞춰 건립된 것이다.
> 6. 신석기 문화는 전 세계에서 대략 같은 시기에 시작되었다(혹은 이 시점에서 문명은 신석기로 퇴보했다).

7-2 기자의 피라미드군.

7. 농업은 BC 1만 년경에 전 세계에서 동시다발적으로 발생했으며, 주요 지역은 모두 해발 1,500미터 이상의 고원지대였다.

이 외에도 BC 1만 500년의 중요성이나 대격변을 상징하는 지표는 수없이 많다. 만약 대홍수가 이때 일어나지 않았다면 이렇듯 구체적인 시대가 전혀 관련 없는 지역과 범주를 넘나들며 등장하고 있는 사실을 어떻게 설명할 수 있을까.

신화와 전설로만 남은 초고대의 고등 문명

이제 주제로 돌아와 논의를 이어가자. 과거 지구상에는 '아틀란 티스'(실제 이름은 전혀 달랐을 수 있다)로 대변되는 거대한 문명이 존재 하고 있었다. 이들은 행성 Z나 화성과도 교류를 갖고 있었을 것이며 BC 1만 500년의 멸망 시점에 이미 수천, 수만 년간의 문화와 과학기 술을 축적하고 있었다. 그렇게 볼 수 있는 이유는 약 3만 년 전에 구 인종인 네안데르탈인이 사라지고 현생인류인 크로마뇽인으로 전면 대체되었기 때문이다. 네안데르탈인은 체격은 물론 두뇌 용적마저도 크로마뇽인보다 컸지만, 고인류학적 시간 척도에서 보자면 말 그대 로 순식간에 지구상에서 사라졌다.

이렇듯 일반적인 생각과는 달리 네안데르탈인이 크로마뇽인으로 서서히 진화된 것이 아니라, 이미 오래전부터 존재하던 네안데르탈 인과는 다른 경로로 진화한 크로마뇽인이 번성해가면서 네안데르탈 인들을 멸종시켰다는 것이 현재의 표준 학설이다. 이렇게 나타난 크 로마뇽인, 즉 현생인류가 문명을 일으켜 지구 전역을 항해하고 거대 한 바위들로 건물을 세우고, 이후 긴 세월이 지나면서 1~2만 년 전 에 지금의 인류 문명을 능가하는 기술 수준에 도달하게 되었다면 어 떨까.

이런 고등 문명 수립의 가능성을 무시할 수 없는 이유는 타고난 두뇌 능력에서 크로마뇽인과 현대인 사이에 아무런 차이도 없기 때 문이다. 두뇌 용적 비교 등 다양한 연구 결과, 만약 크로마뇽인의 어 린아이를 현대에 데려와 교육시킬 수 있다면 정상인으로 성장하는 데 아무 문제가 없을 거라는 사실이 밝혀졌다. 이렇게 높은 지능을 타고난 그들이 수만 년간이나 원시적인 타제석기나 골각기 등을 사용하면서 구석기 문명 속에 정체되어 있었을 거라고 단정하기는 어렵다. 그러던 중 1만여 년 전에 이르러서야 갑자기 신석기 문화를 일으키고 문명을 쌓아나가고 대피라미드를 건설하고 나아가 물리학과 내연기관과 원자력을 발명하여 지금의 과학 문명에 이르렀단 말일까.

반대로 말하자면, 우리가 아는 신석기 문명이 단 1만여 년의 세월 동안 마제석기에서 우주여행이 가능한 지금의 현대 문명으로 발전할 수 있었다면 그 이전의 2, 3만 년 동안에도 그런 일은 얼마든지 일어날 수 있다는 것이다. 오히려 더 긴 시간이 주어졌던 만큼 지금보다도 더 발전한 단계에까지 도달했을 가능성도 생각해볼 수 있다.

초고대의 우주전쟁

이렇게 번성하던 초고대의 기술 문명이 있었다면, 그것은 BC 1만 500년에 일어난 화성과 행성 Z의 전쟁으로 발생한 우주적 재앙, 그로 인해 밀어닥친 가공할 홍수와 지각 변동으로 송두리째 쓸려가 버렸을 것이다. 건물은 무너지고 도시는 물에 잠기고 인간과 생물들은 죽어갔고, 그 결과 화려했던 문명의 역사와 지식, 기술은 사라지고 잊혀 흐릿한 신화와 전설로만 남게 된 것이다.

그렇다면 그 찬란했던 문명의 잔재는 왜 발견되지 않고 있을까. 이는 어떻게 보면 당연한 일이다. 최근 인도네시아나 일본의 지진해일에서 보듯 불과 10미터 높이의 순간적인 해일로도 낮은 주택 정도는 쉽게 휩쓸려 사라지고 수십만 명의 사망자가 발생한다. 우주적 대

7-3 아틸란티스의 상상도.

재앙에 의한 지진과 홍수라면 최소한 그 수십 배 이상의 위력이 있었을 것이고, 극심한 화산 활동이나 대기와 해류의 불안정함, 나아가 행성의 소실로 인한 중력 불균형으로 자전축이 흔들리는 사태가 벌어졌다면 그로 인한 자연 재해는 며칠이 아니라 여러 해 이상 이어졌을 것이다. 이런 재앙이 벌어지고 나서 1만여 년이나 지난 후 그 자취가 쉽게 발견될 것을 기대하는 건 무리다.

설사 물에 쓸려가지 않은 곳이 있다 하더라도, 불과 2,000년 전의 유적인 포로로마노(로마 고대 유적지)도 현대의 지표보다 수 미터 아래에 있다는 점을 생각한다면 1만여 년이 넘은 유적들은 수십 미터아래의 지층에 묻혀 있을 가능성이 크다. 특히 현재 인류가 번성하는 곳들이 아니라 다른 지역에 그 문명의 핵심 지역들이 존재했다면, 예를 들어 극지방이나 사막, 아마존 등의 정글, 혹은 지금은 가라앉은 물밑 등을 배경으로 했다면 그 흔적을 찾아내기는 극히 힘든 일이다.*

이렇게 대재앙 이후 행성 Z는 밤하늘에서 사라져버렸고, 화성은 불길한 핏빛 별로 변해 지구궤도에 자리 잡은 또 하나의 전쟁의 상징인 달과 함께 전쟁과 광기, 죽음과 멸망을 상징하는 존재로 인류에게 각인되기에 이른다. 그렇다면 우리가 지금 교과서에서 배우는 인류의 역사는 이 모든 공포와 파괴가 훑고 지나간 후, 과거의 화려하고도 위대한 문명의 기억을 모두 잃어버린 소수의 생존자와 그 후손들이 처음부터 다시 시작한 세상에 대한 것일 뿐이다. 까마득한 옛날로부터 전해진 문명의 지혜를 전해주던 현인들의 이야기와 대대로 전해 내려오는 황금시대에 대한 동경을 가슴에 안은 채, 뼛속 깊이 각인된 대홍수의 공포에 떨며 고지대에 옹기종기 모여 초라한 돌칼과 돌괭이를 들고 먹을 것을 구하던 그때부터의 기록인 것이다.

그럼 이 거대한 전쟁을 통해 행성 Z와 화성의 문명은 완전히 사라져버린 것일까. 행성들이 파괴된 만큼 그럴 것같이 보이지만 그 과정에서 모든 것이 소실되지는 않았을 것이다. 어느 정도 이상의 규모를 가진 문명이 아무 흔적이나 유산도 없이 먼지처럼 사라져버리는 것은 오히려 쉽지 않은 일이기 때문이다.

---

* 현재의 문명 중심지인 대도시의 면적은 50대 도시를 모두 합쳐도 20만 제곱킬로미터가 되지 않고, 이는 한반도보다 좁다. 지구 총면적 5억 1,000만 제곱킬로미터의 2,500분의 1, 육지 총면적 1억 5,000만 제곱킬로미터의 750분의 1에 불과하다.

일단은 두 행성이 파괴되던 순간 그곳에 있지 않던 행성 Z와 화성의 주민들이 상당히 많았을 거라는 점을 생각해볼 수 있다. 지구상의 전쟁의 현실과 마찬가지로 우주 공간을 사이에 둔 행성 간 전쟁도 먼 거리에서 장거리 화력의 교환만으로 이루어지지는 않을 것이다. 처음부터 상대편의 완전한 멸종을 목적으로 전쟁을 하는 경우는 없기 때문에, 작전을 수행하고 우위를 점하기 위해서는 일종의 함대가 두 행성 사이의 공간에 진주해 있어야 한다. 그 경우 함대의 승무원들은 행성들이 폭발하는 와중에도 아무 피해 없이 생존했을 것으로 추정된다.

화성의 우주기지 이아페투스, 행성Z의 우주기지 달

또 다른 안전지대는 역설적으로 두 대의 데스스타다. 이 거대한 위성형 건조물들은 무기이면서도 동시에 초거대 우주선이었을 가능성이 높다. 그렇다면 여기에 탑승해 있던 많은 군인과 승무원들이 있었을 것이다. 길이가 300미터 정도인 항공모함에도 수천 명의 승무원이 탑승하는 점을 보면 이 위성체들의 크기와 규모로 보아 그 수는 수십만 명에 달했을지도 모른다.

화성의 우주기지였던 이아페투스에서는 어떤 일이 벌어졌을까. 행성 Z 폭발의 충격으로 조종 능력을 상실하고 태양계 바깥쪽으로 밀려갔지만 실제로 토성 궤도까지 도달하는 데는 몇 년의 시간이 필요하다. 그 과정에서 내부에 탑승해 있던 승무원들은 기본적인 고장을 수리하고 생존이 가능한 시스템을 정비했을 것이다. 또 화성이 괴멸되는 순간 우주 공간에 주둔해 있던 함대가 있었을 것이고, 그들 중 상당수는 대재앙의 틈바구니에서도 생존했을 것이다. 모성을 잃은 그들은 전쟁 자체의 의미가 사라져버린 대재앙의 끝에, 이 거대한 우주기지로 하나둘 집결했으리라.

행성 Z의 우주기지인 달은 상황이 더 나았다. 이아페투스와 달리 별다른 손상을 입지도 않았고 크기도 훨씬 크며 처음부터 비교적 안정된 지구궤도 위에 머물러 있었다. 따라서 화성과 마찬가지로 행성 Z가 파괴되는 과정에서 살아남은 운 좋은 생존자들이 이곳으로 이주해 왔을 것이다. 달과 같은 크기와 조건이라면 내부에 수백만 명이 거주했다고 해도 그리 이상할 게 없다.

그렇다면 이렇게 각자의 우주기지로 모여든 화성과 행성 Z의 잔당들은 이후 어떻게 됐을까. 먼저 Z부터 상상해보자. 달에 진주한 Z의 군대는 강한 화력으로 화성을 괴멸시키는 데 성공했다. 하지만 승리의 기쁨도 잠시, 자신들의 모성이 더욱 치명적인 공격을 받아 처참하게 파괴되어 증발한 충격적인 사실을 알게 된다. 그와 동시에 태양계 내부의 중력 균형이 흔들리면서 지구 역시 대재앙을 맞는다.

앞서도 말했지만 이 대홍수는 폭우 같은 기상 현상에 의한 국지적인 것이 아니라 지구의 자전축과 공전궤도의 흔들림, 그리고 그에 따른 지각 변동에 의한 것이기에 그 규모는 상상을 초월했을 것이다. 따라서 행성 Z가 교류해왔던 기존 지구의 도시와 인프라, 사회 시스템 등은 전면적으로 붕괴되고 모든 것이 기술 문명 이전의 수준으로 퇴보해버렸다. 이런 상황에서 안전한 달을 떠나 굳이 지구에 내려갈 이유는 없었기에, 그들은 달 속에 오랜 세월 머무르며 자신들 나름의 사회와 문명을 구축했다.

한편, 이아페투스에 집결한 화성군의 잔존 세력은 어려운 조건 속에서도 절치부심, 재기를 노렸을 것이다. 하지만 여러모로 조건이 좋았던 달에서 살아남은 행성 Z인들에 비해, 손상을 입은 우주기지 속에서 춥고 먼 외행성계로 밀려나버린 화성인들의 조건과 환경은 훨씬 열악했다. 그들 역시 자기 생존에 급급할 뿐, 만신창이가 된 지구를 서둘러 돌아보거나 관심을 가질 여유는 없었을 것이다.

인류 문명은 5,000년 전에 불쑥 나타난 것이 아니다

이런 이유로 인해 그들과 지구와 외계의 연계 고리는 오랜 세월 동안 끊어져 있었다. 그 상태에서 지구는 조금씩 다시 안정되며 살 만한 환경이 되었다. 하지만 참혹한 대재앙에서 살아남은 사람은 극소수였고 문명과 사회구조, 가치관 등이 전면 붕괴한 상태로 모든 것을 다시 시작해야 했으며, 새로이 정교한 문명이 발흥하기까지에는 수천 년의 긴 시간이 필요했다. 그렇게 다시 세워진 문명들이 우리가 역사에서 배우는 고대의 4대 문명인 것은 아닐까.

이 문명의 재건과 관련되어 구체적인 실마리가 되는 것은 바로 고대의 유적들이다. 여러 지역에 수많은 유적이 존재하지만 이 책의 주제와 관련해서 우리의 눈길을 가장 강렬하게 끄는 것은 아무래도 이집트 기자Giza의 대피라미드라고 하겠다. 그 이유는 이 건축물의 다음과 같은 불가사의함 때문이다.

1. 쿠푸Khufu의 대피라미드는 2019년 현재 지구상에 서 있는 단일 건물 중 부피 기준으로 가장 크고 또 가장 무거운 건물이다.

2. 대피라미드는 건설된 이후 15세기까지 4,000년간이나 아무도 들어가보지 못했고, 현재까지도 내부 구조가 완전히 밝혀지지 않았다.

3. 대피라미드는 현대를 포함한 인류 역사상 가장 정밀한 측량과 공법으로 지어진 건물이며, 또 인류 역사상 가장 파격적인 디자인이 도입된 건물이다.

BC 2500년, 즉 지금으로부터 4,500여 년 전에 이집트인들은 어떻게 이런 건물을 만들 수 있었던 걸까. 이를 추적해나가기 위해 이집트문명 자체에 대해서 좀 생각해볼 필요가 있겠다. 유럽의 모태는 분명히 로마다. 세계 국가로서, 문명의 전달자로서, 정치와 사회 시스템의 정립자로서 로마의 위치는 유럽에서 확고부동하다. 역사의 시간적 발전이라는 고정 관념을 의심케 할 정도의 성숙성을 가졌던, 특히 중세 유럽과 비교해 고대 로마의 선진성은 참으로 놀라운 것이었다.

그러나 로마는 하루아침에 이루어지지 않았다. 로마가 가능했던 바탕에는 세련된 문명과 고급한 정신세계를 자랑하는 그리스가 있었고, 그 그리스의 바탕에는 티그리스강과 유프라테스강 주위에서 발흥한 메소포타미아문명과 아프리카의 북동부 나일강 끝자락에서 발원된 이집트문명이 있었기 때문이다.

특히 그리스와 이집트의 직접적인 연결고리는 헤로도토스Herodotos와 솔론Solon 등 그리스의 학자와 정치가들의 증언에서 고스란히 살펴볼 수 있다. 역사학의 시조로 불리는, BC 5세기경의 인물인 헤로도토스는 자신의 저서『역사』를 통해 이집트와 관련된 많은 이야기들을 남기고 있으며, 심지어 본인 스스로가 이집트의 신관들만이 독점하고 있는 모종의 정보에 접근할 수 있는 입문의식을 행했다고도 기록하고 있다.

한편 그리스 7현의 하나로 존경받는 솔론은 BC 590년경 이집트를 방문하여 고위 신관들과 많은 대화를 나누었다고 알려진다. 플라톤의『대화』에 따르면, 이때 솔론은 이집트 신관들에게서 그때로부터 이미 9,000년 전에 멸망했다는 아틀란티스에 대한 이야기를 전해 듣고, 동시에 이집트문명이 얼마나 오래된 것인지, 또 번영을 자랑하던 신생 그리스의 학문과 경험이 얼마나 한정된 것인지에 대한 지적을 받았다.

이런 일화들을 보면 그리스의 최고 지성들이 지중해 건너 이집트와의 지속적인 접촉과 토론을 통해 배움을 얻어왔다는 사실을 알 수 있다. 이 사실은 시기적으로는 후대의 문명인 그리스가 이집트보다 진보된 문명이었던 게 아니라 도리어 그 반대였다는 점을 강력히 시사하는 것이다.

생각해보면 그리스의 전성기를 BC 3세기 전후로 봤을 때 이 시점은 이미 기자의 대피라미드가 건설된 지 2,000여 년이나 지난 이후다. 또 이집트 역사의 황금기이자 애니메이션 〈이집트 왕자〉 등으로 우리에게 잘 알려진 19왕조의 람세스 2세는 BC 1200년경의 인물로, 그리스 철학의 정수인 아리스토텔레스Aristoteles보다 1,000년이나 전에 살았던 사람이다.

이집트의 역사시대로 인정되는 고古왕조의 통일 제국이 이집트 땅에 성립된 것은 BC 3100년경으로 지금부터 장장 5,100년 전이다. 단군이 아사달에 도읍을 정한 것을 BC 2333년으로 보고 있으니 그보다도 800년이나 앞서 있다. 그럼에도 우리의 단군 시대는 학문적 입장에서 보면 신화적인 요소가 많은 데에 반해, 이집트의 고왕조는 유적과 다양한 자료들을 통해 명백히 뒷받침되고 있는 역사 속의 현실이라는 점에서 큰 차이가 있다.

물론 이 기간 동안 이집트에도 많은 부침이 있었고, 힉소스Hyksos 이민족이 지배했던 시대나 이후 페르시아Persia 점령기를 거쳐 그리스인 왕들의 시기, 그리고 BC 30년경 로마에 복속될 때까지 다양한 정치적 격동을 겪은 것은 사실이다. 그러나 1왕조, 즉 BC 3100년경에 사용된 상형문자 히에로글리프hieroglyph가 거의 변화 없이 예수 탄생 시점까지도 사용되고 있던 점, 이집트 특유의 인물화 양식 역시 왕조 창립기부터 3,000년을 별다른 변화 없이 이어진 문명의 지속성은 실로 놀랍다. 지구상에 이에 준하는 문화적·역사적 영속성의 실체를 보여준 문명은 중국과 인도뿐인데, 그들의 역사는 이집트보다 훨씬 늦게 시작된 것이다.

이 시점에서 우리는 한 가지 의문에 봉착하지 않을 수 없다. 그 오래전부터 이토록 발달했던 고대의 이집트문명은 대체 어디서 온 것일까.

일반론에 따르면 석기를 사용하던 원시인들이 모여 살다가 오랜 세월에 걸쳐 느릿느릿 발전해서 결국 이집트의 고등 문명을 건설해 나간 거라고 생각하게 된다. 그러나 실상은 전혀 그렇지 않았다. 이

7-4 로제타스톤. 1799년에 이집트 로제타에서 발견된 로제타석의 상형문자가 19세기 샹폴리옹에 의해 해독됨으로써 2,000년 만에 이집트 문헌과 기록을 읽을 수 있게 되었다.

집트문자는 상형문자고, 양식으로 보아 회화에서 비롯된 것이다. 그러나 중국의 한자漢字나 메소포타미아 등 다른 지역의 고대 상형문자와 달리, 이집트 히에로글리프는 앞서 말했듯 처음부터 거의 완성된 상태로 존재했다. 다시 말해 초기 형태의 조잡한 그림이나 선 등이 전혀 보이지 않는다는 뜻이다.

중국 은나라의 유적 은허殷墟를 발굴하는 과정에서는 이른바 용골이라고 불리는, 초기 형태의 한자가 적혀진 갑골문의 발견이 큰 역할을 했다. 그러나 3,000여 년 전이라는 세월이 말해주듯 이 갑골문에 남아 있는 문자는 아주 단순하고 다소 조잡한 선들에 불과하고, 우리에게 익숙한 한자의 미학을 전혀 갖고 있지 않다. 이집트 히에로글리프의 경우는 이런 발전 과정이 전혀 나타나지 않는 것이다.

건축물의 경우도 마찬가지다. 기자의 대피라미드군은 BC 2500년경 쿠푸와 그 뒤를 이은 카프레Khafre, 멘카우레Menkaure 등에 의해 건립된 것으로 주류 이집트학은 말하고 있다. 훨씬 오래되었다는 다양한 주장들이 존재하지만, 주류 학설이 사실이라고 봐도 이때는 이집트의 1왕조 역사시대가 시작된 지 불과 600년 후다. 즉, 석기시대를 갓 넘어서 생겨난, 겨우 600년밖에 되지 않는 초보 문명의 건물이 현재까지도 인류 최대의 불가사의로 서 있는 것이다.

이렇듯 기이하게도 이집트문명은 초기부터 완벽한 문자를 갖추고 완성된 회화 형식도 갖고 있었으며 21세기 현재도 구현하기 어려운 건축술 또한 완비하고 있었다. 하지만 더욱 이상한 점은, 초기에는 이렇게 높은 완성도를 갖추고 있었음에도 4왕조 이후 3,000년간은 크게 발전된 것이 없고, 건축 기술은 퇴보한 모습마저 드러낸다는

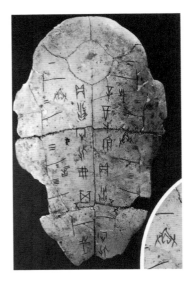

7-5 BC 1600년경의 은허 유적지에서 출토된 갑골문. 지금의 한자와는 달리 다분히 원시적인 것을 한눈에 알아볼 수 있다.

7-6 BC 3000년경 이집트 제1왕조의 암벽화. 몸통은 정면, 머리는 측면으로 묘사되는 인물이나 머리 위를 장식하는 뱀 조각, 매와 자칼 등 수천 년간 지속된 형식이 거의 완전한 형태로 나타나 있다.

사실이다. 무슨 이유일까.

이 뒤죽박죽의 흐름을 이해하기 위해서는 관점을 바꿔야 한다.

어쩌면 인류의 고대사는 교과서에 적혀 있는 것과는 다른 방향으로 전개되었을지 모른다. 모든 문명의 원조로 여겨지는 고대 이집트도 로마나 그리스와 마찬가지로 그 이전에 존재했던 발달된 문명의 영향으로 건설되었을 것이다. 어떤 문명이 5,000년 전에 갑자기 완성된 문자 구조와 불가사의에 가까운 건축술을 들고 나왔을 때는 그 이전에 존재했던 다른 발달된 문명의 영향을 상정하는 것이 자연스러운 접근이다.

따라서 솔론에게서 플라톤이 들었다는 아틀란티스 이야기처럼, 역사 이전의 역사가 존재했다면 이집트는 그 세계와 이후의 세계를 잇는 연결 고리다. 이 고리를 발견하는 것은 인류 역사를 완전히 다시 쓰는 작업이고, 우리가 사는 세상이 어디에 뿌리를 두었는지 이해하는 열쇠가 된다. 그 결과는 단지 역사학에만 국한되는 것이 아니라 세상을, 과거와 현재와 미래를 바라보는 우리 모두의 관점을 뒤바꿔 놓는 놀라운 전환점이 될지도 모른다.

이 가정이 맞는지 살펴보기 위해, 이제 우리는 이집트 기자로 떠난다.

지구에서 벌어진 대재앙과 멸종

45억 년간의 지구 전 역사에 걸쳐 생물의 대멸종은 다섯 번 있었던 것으로 알려져 있다. 1차 멸종은 4억 4,500만 년 전 고생대 오르도비스기 말엽에 일어났는데 해양 생물의 50퍼센트가 멸종한 것으로 알려져 있다. 아직 육상에 네발 동물은 없던 시대였다. 그리고 약 8,000만 년이 지난 3억 7,000만 년경의 데본기에 다시 멸종이 일어난다. 이때 전체 생물 종의 70퍼센트가 사라졌다. 세 번째 멸종은 가장 규모가 큰 것으로 2억 5,100만 년 전에 일어났는데, 페름기 대멸종이라고 부른다. 지구 생물 종의 98퍼센트가 사라진 것으로 알려져 있다. 한때 지구상의 바다를 점령하다시피 했던, 1밀리미터에서 1미터 크기까지 3,900종의 아문을 거느린 삼엽충류도 이때 사라졌다.

페름기 대멸종 때는 산소 부족과 온실효과가 심했고 산성비가 내렸던 것으로 알려진다. 원인은 아직 정확히 밝혀지지 않았지만 거대한 운석 출동의 가능성도 크다. 4차 대멸종은 2억 500만 년 전의 트라이아스기에 일어났고, 이를 통해 쥐라기의 공룡시대가 열리게 된다.

5차 대멸종은 잘 알려진 공룡

뿔이 달린 특이한 형태의 삼엽충. 아문이 많아 형태도 다양했고 원체 개체가 많았기 때문에 화석도 많이 남아 있다.

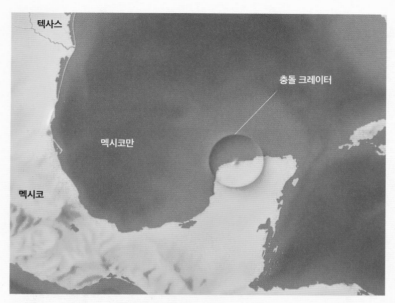

텍사스

충돌 크레이터

멕시코만

멕시코

유카탄반도에 묻혀 있는 대형 크레이터의 위치.

의 멸종으로, K-T 멸종으로 불리며 6,500만 년 전에 일어났다. 원인은 멕시코 유카탄반도에 떨어진 소행성 충돌의 여파였을 것으로 보이는데, 이는 해당 지층에 묻혀 있는 다량의 이리듐과 유카탄반도에 존재하는 지름 180킬로미터의 충돌 크레이터의 발견으로 뒷받침되고 있다.

이 멸종은 최대 규모는 아니지만 가장 근래에 일어났기 때문에 많은 흔적을 남기고 있고, 포유류와 영장류, 인류의 진화에 직접적인 영향을 미쳤다. 서울에서 대전 거리를 조금 넘는 지름 180킬로미터의 크레이터를 남긴 충돌이 이런 범지구적 재앙을 야기했다면, 지구보다 훨씬 작은 화성에 지름 2,700킬로미터의 흔적을 만든 충돌이 어떤 결과를 몰고 왔을지 짐작 가능하다.

그리고 최근 여러 학자들은 현재 여섯 번째 대멸종이 진행되고 있다고 주장하는데, 그 원인은 바로 인류다. 무분별한 남획과 단절된 대륙들 사이의 동식물 유입, 인간이 퍼트린 전염병, 산업화, 지구온난화 등으로 양서류 30퍼센트, 포유류 23퍼센트, 조류 12퍼센트가 곧 사라질 것이라고 한다.

화성의 고도 사진. 헬라스 크레이터의 가공할 크기를 한눈에 알아볼 수 있다.

　이 책을 읽다 보면 달과 이아페투스가 고대 외계인들의 우주기지이자 무기였다는 주장이 지나치다고 여겨질 수 있다. 그럼 이제 다음 사진을 보자.

　이것은 남아프리카의 광산 깊은 곳에서 발견된 정체불명의 물체다. 지름 2.5센티미터 정도의 작은 금속구인데, 보는 바와 같이 적도를 지나는 주름과 그 위의 원형 구멍 등이 데스스타 및 이아페투스와 놀랄 정도로 닮아 있다.

　경악스러운 것은 이것이 발견된 곳은 선캄브리아기의, 즉 28억 년 전의 지층이라는 사실이다. 물론 이 금속구가 30억 년 가까이 되었을 거라고 생각하기는 어렵지만, 땅이 뒤집히고 하늘이 갈라지는 대재앙의 과정에서 깊은 지층 속으로 빠져 들어갔을지도 모른다.

　이런 물체는 같은 곳에서 2개가 발견되었는데, 하나는 쇳덩어리

미스터리 고대 유적.

중국에서 발견된 드로파 스톤.

캘리포니아에서
발견된 돌 속의 X-레이 사진.

인 반면 다른 하나는 '속이 비어 있고' 흰색 스펀지 같은 것으로 채워져 있었다. 과연 이 형태가 우연에 불과할까….

위의 왼쪽 사진의 물체는 드로파 스톤Dropa Stone이라고 하는데, 1938년 중국의 동굴에서 발견되었다. 20센티미터 정도 너비인 이 돌판들은 수백 개가 발견되었는데, 공히 중간에 구멍이 뚫려 있고 마치 레코드판 같은 가는 홈들이 파여 있다. 그러나 이 홈들은 실은 상형문자로 되어 있고 그 내용은 산에 추락한 외계의 우주선과 관련된 것이다.

이 돌판은 대략 1만 년에서 1만 2,000년 전의 것으로 추정되는데, 그 시기는 바로 우주전쟁과 지구상의 대재앙이 있었던 때와 일치한다.

위의 오른쪽 사진의 기계 부속 같은 것은 일견 별로 특별해 보이지 않는다. 그러나 이것은 실은 돌 속의 X-레이 사진이다. 1961년 캘리포니아의 산속에서 발견된 이 돌은 처음에는 속이 빈 보석의 일종인 '정동geode'으로 여겨졌으나 절단해보니 금속 물체가 나타났고, X-레이 촬영 결과 현대의 자동차 플러그와 유사한 이 사진을 얻게 되었다. 전문가에 따르면 이 크기의 정동이 만들어지는 데 50만 년 정도가 소요된다. 즉, 이 금속 물체는 50만 년 전에 만들어지고 버려진 것이다.

다음 사진의 비행기를 닮은 물체는 중남미에서 발견된 것인데 대략 1,000년 전의 것으로 여겨지고 있다. 주류 학자들은 이것이 새나 곤충을 형상화한 것이라고 해석한다.

그러나 자연계에 존재하는 어떤 새나 곤충도 이 물체와 같이 날개가 몸통의 아래쪽에 달려 있는 경우는 없다. 날개가 아래에 달려 있는 경우 속도를 내거나 방향 전환을 하기엔 용이하지만 무게중심이 불안정해지기 때문이다. 특히 빠른 날갯짓을 해야만 날 수 있는 동물의 몸통 아래쪽에 날개가 붙어 있다면 비행 자체가 거의 불가능하다는 점, 조금만 생각해보면 알 수 있다.

자연계에서 볼 수 있는 날개 가진 동물은 모두 이처럼 등 쪽에 날개가 붙어 있다.
엔진의 힘이 비교적 약한 프로펠러기들도 이처럼 날개가 위쪽에 붙어 있는 경우가 많다.

　　그런데도 이 유물의 경우는 현대의 제트기처럼 몸통의 아래쪽에 날개가 붙어 있으며 수직·수평 꼬리날개도 따로 장착되어 있다. 인류가 종이비행기를 만들어 날린 것이 불과 100년도 되지 않는다는 점을 감안할 때,* 수천 년 전 중앙아메리카인들이 자연계에 존재하지도 않는 형태의 비행체 모형을 아무 맥락도 없이 제작했다고 생각하긴 어렵다. 그래서 연구가들과 엔지니어들이 실험을 위해 이 디자인을 활용한 모형 비행기를 만들어보았다.

　　프로펠러와 초소형 제트엔진을 장착한 이 모형비행기는 1997년 8월 시험비행에 들어갔고, 플로리다주 올랜도의 한 대형 주차장에서 멋진 비행에 성공하기에 이른다.

　　필자는 1,000년 전의 중앙아메리카인들이 실제로 하늘을 날았을 거라고는 생각하지 않는다. 그랬다면 훨씬 많은 증거와 실물 비행기

---

* 종이비행기는 1930년 미국 군수회사 록히드의 공동 창업자 잭 노드럽이 기체를 디자인하며 만든 것이 그 시초다.

의 잔해 등도 발견되었을 것이기 때문이다. 따라서 이 모형은 오랜 과거로부터 전해 내려오는 그림이나 모형을 재현했을 가능성이 더 크다. 결국 초고대로부터의 희미한 기억일 것이다.

그럼 이제부터는 유물·유적이 아닌 지구와 그 주변에서 실제로 암약하는 외계인들의 활동 상황을 확인해보자.

이 책을 통해서 이미 여러 UFO 현상과 중세와 르네상스 시대, 그리고 고대의 UFO 그림 등 다양한 자료를 선보인 바 있다. 그러나 그것들과는 조금 다른 의미에서 특별한 사진들이 있다.

이 자료들의 공통점은 UFO나 비행접시에 대한 관심은 물론 콘셉트조차 없던 시절의 사진들이라는 점이다. UFO가 일반의 관심을 끌고 대중화된 것은 1940년대 이후의 일이기 때문이다. 이처럼 선사시대부터 지금에 이르기까지 UFO는 원시인의 서툰 손, 중세와 르네상스 시대의 화려한 종교화와 초상화, 근대의 구식 흑백카메라와 현대의 휴대전화에 이르기까지 모든 방법을 통해 묘사되어왔다. 이런 통시적 관점의 접근은 디지털카메라와 포토샵 등 사진 합성 수단이 널려 있는

1937년 캐나다 밴쿠버 시
청 근처에서 찍힌 UFO.

1927년 미국 오리건에서
촬영된 UFO.

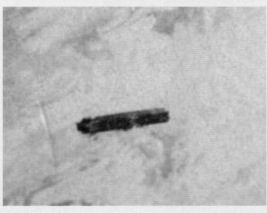

1870년 미국 뉴햄프셔의
워싱턴산에서 찍힌 시가
형의 UFO.

현대의 사진이나 영상과는 다른 무게로 UFO의 실체성을 전해준다.

한편으로 바로 그런 시대에 살고 있기에, 필자는 UFO 사진이나 동영상들을 함부로 믿지 않는다. 아무리 그럴싸해 보여도 조작이 너무 쉽기 때문이다. 그렇다면 가장 믿을 만한 UFO 영상은 어디서 얻을 수 있을까?

바로 나사, 미국 항공우주국이다. 이들은 UFO의 존재에 대한 수많은 의구심과 음모론에도 불구하고 지난 수십여 년간 공식적으로 함구와 부인으로 일관해왔다. 그러나 실은 그들이 직접 찍은 우주 공간 영상에 UFO라고 부를 수밖에 없는 물체들이 많이 기록되어 있다.

다음 사진은 스페이스 셔틀이 임무 도중에 찍은 나사 공식 동영상의 일부다.

지구궤도의 미확인 비행물체.

이것이 외계의 우주선인지 아니면 우주에서 살아가는 생명체인지, 혹은 지구의 비밀 병기인지는 확실하지 않다. 그러나 명백한 것은 이 사진 외에도, 멀지도 않은 지구궤도와 달 주변 우주 공간에서 정체불명의 활동이 일상적으로 이루어지고 있다는 것, 그리고 나사와 미국 정부는 이를 명백히 드러내는 수많은 자료를 갖고 있다는 것이다.

이 많은 현상과 증거들이, 지금은 소행성으로 산산이 부서진 행성 Z와 엄청난 재앙 속에서 급사해버린 화성, 우주적 스케일로 볼 때 지구에서 무척 가깝다고 할 이 두 천체와 과연 아무 관련도 없는 걸까….

08

피라미드와 외계 생명체

인류 최대의 불가사의, 기자의 대피라미드

이 불가사의한 건축물에 대해서는 수만 명의 노예나 노동자들이 수십 년에 걸쳐 건축했다는 표준 이론에서부터 지구를 방문한 초고대의 외계인들이 쌓아 올렸다는 주장에 이르기까지 여러 극단적인 설이 존재해왔다. 원체 오랜 세월 사막 한가운데 눈에 띄게 서 있다 보니 수천 년 동안 헤아릴 수 없는 사람들에 의해 경외의 대상이 되어왔고, 그 기원이나 건축술 관련한 다양한 주장들이 등장한 것은 당연한 일이다.

피라미드에 대해 고찰하면서 가장 먼저 인식해야 할 점은, 알려진 인류 역사 대부분의 기간 동안 이 건물이 존재해왔다는 사실이다. 이 정도로 오래된 건물이나 유적 자체가 세계적으로도 아주 드물거니와, 이렇게 토대가 무너지거나 부서지지 않은 채 원형을 유지하고 있는 대형 건축물은 유례를 찾아볼 수 없다. 그럼에도 불구하고 단군신화보다도 더 오래된 건물이다 보니 그 정체에 접근하는 것은 쉬운 일이 아니다. 실재하는 건축물로서의 피라미드 자체가 가진 강력한

8-1 모서리에서 올려다본 쿠푸의 대피라미드. 700년 전까지도 거울처럼 반반한 석회암 돌판으로 전체가 덮여 햇빛에 번쩍거렸다. 그러나 1301년 카이로에 대지진이 일어나면서 무너진 도시를 재건하기 위해 석회암 돌판을 벗겨 갔다.

8-2 쿠푸의 대피라미드에 이어 두 번째로 큰 카프레의 피라미드 상층부에 남아 있는 외벽의 일부. 이 외벽은 1만 5,000개에 달하는 각 10톤 정도의 석회암으로, 패널 사이의 접합부 간격은 0.2밀리미터 이하로 칼날도 들어가지 않을 정도로 정교했다.

존재감에도 불구하고 그 건립 목적이나 방법 등을 탐구함에 난점이 많은 것이다.

대개 고고학상의 난제는 트로이Troy나 미케네Mycenae처럼 신화나 전설, 구전 등을 통해 잘 알려진 문명의 유적지가 실제로는 발견되지 않거나, 학문 발전의 미비로 인해 발견한 유물에 대한 분석이 어려운 경우 등에서 비롯되게 마련이다. 그러나 피라미드의 경우는 이 두 가지 모두에 해당되지 않는데, 그것은 애초에 해석의 여지 자체가 거의 주어지지 않았기 때문이다.

예컨대 왕가의 계곡 등 이집트 대부분 지역에서 발견된 무덤이나 신전 등의 유적에는 시대와 배경을 어느 정도 짐작할 수 있는 디자인 양식이 있고, 무엇보다도 다양한 그림과 수많은 상형문자가 빽빽이 새겨져 있어 자세한 정보를 전달해준다. 그러나 기자 피라미드는 예외다. 수다스럽고 요란해 보일 정도로 상형문자와 장식품들로 도배를 해놓은 이집트 대부분의 유적들과 달리, 대피라미드에는 문자도 그림도 없다. 높이 147미터, 각 밑변의 길이 230미터, 점유하고 있는 면적 1만 6,000평, 평균 2.5톤짜리 석회암과 화강암 블록 230만 개로 쌓아 올린 거대한 건축물인데도 말이다.

그뿐 아니다. 9세기의 위대한 이슬람 칼리프 알 마문(786~833년)이 최초로 내부로 파고 들어갔을 때에도, 보물과 각종 신비한 기록에 대한 기대를 비웃기라도 하는 듯 그 속에는 아무런 부장품도 없고, 시신도 없었다. 발견된 것은 그저 속이 빈 관 비슷한 돌덩어리 하나뿐이었다. 상황이 이렇다 보니 이 거대 구조물은 외부는 물론 내부조차 불가사의라고 말할 수밖에 없다. 이런 상황에서 대피라미드를 설명하기 위해 여러 이론들이 등장하게 되었다.

교과서에 나오는 이론은 BC 2550년경 4왕조의 쿠푸 왕이 자신의 무덤으로 건설했다는 것이다. 파라오의 절대 권력으로만 실현시킬 수 있는 엄청난 노력과 시간과 인원이 들어간 대공사였고, 수만 명의 일꾼들이 수십 년간의 육체노동을 통해 모든 불가능해 보이는 공정을 실현했다는 주장이다. 작업에는 밧줄과 나무 받침대, 지렛대, 쐐기 등의 원시적 도구가 사용되었다.

SF적 이론은 스위스의 에리히 폰 대니켄Erich Von Daniken이 1970년대에 본격적으로 내세웠고 지금까지도 이어지고 있다. BC 25세기에 이런 건축물을 인간이 짓는 것은 불가능했기 때문에 높은 과학기술을 갖춘 외계인들이 건설했다는 것이 이 주장의 요체다. 이때 이 거대한 건물의 건립 목적은 외계인 우주선을 위한 착륙 표식, 특정한 역할을 수행하는 사실상의 기계장치, 우주 에너지를 모으고 분출하는 신비의 동력원 등 다양하다.

그리고 초고대 문명설은 1990년대 이후에 정비된 것으로 그레이엄 핸콕Graham Hancock, 존 웨스트John West, 로버트 보발Robert Bauval 등에 의해 주창되었다. 건물 자체는 쿠푸의 시대 전후에 완성되었을 가능성이 크지만 건립 계획은 이미 수천 년 전부터 잡혀 있었고, 계획이 지닌 의미와 사용된 건축 기술은 이집트 이전에 발전된 초고대 문명에서 계승된 것이라는 주장이다. 이에 따르면 이집트는 인류 최초의 고등 문명이 아니라 스러져가던 잊힌 초고대 문명의 마지막 그림자가 된다.

특히 피라미드의 건축 시기와 목적에 대해 제대로 논하기 위해서는 역사가 헤로도토스의 기록을 살펴보지 않으면 안 된다. 학계의 피라미드에 대한 표준 이론은 여기서 출발하고 있는데, 앞서 말한 대로 절대 권력과 노예의 무한 노동력이 사용되었다는 것이 그의 논지다. 그는 심지어 피라미드 건립을 위해 신전을 폐쇄하고 신관들을 노예로 삼았으며 석재를 사기 위해 딸에게 매춘까지 시켰다는 말도 전했다.

헤로도토스는 이 이야기를 이집트의 신관에게서 전해 들었다며 이를 그의 저서『역사』2권에 수록했다. 전술했다시피 헤로도토스는 인류 최초의 역사가로 불리는 사람이고 그의 저서는 고대 헬레니즘 사회는 물론, 로마와 중세 유럽을 넘어 지금까지도 중요한 사료로 인정받고 있으니 그 신뢰성은 상당히 높다. 그러나 그것이 그의 주장을 모두 사실로 받아들여야 하고 어떤 의심도 할 수 없다는 뜻은 아니다.

현대의 이론은 헤로도토스의 이야기와도 조금 달라서, 쿠푸 왕 시대에 그런 거대한 노예 집단이 존재하지 않았다는 점을 들어 급료를 받는 4,000여 명의 일꾼들과 2만 명 정도의 지원 인력이 마을을 만들어 가족들과 살면서 20년 정도에 걸쳐 공사했을 것으로 보고 있다. 그러나 이 경우에도 '권력과 인력으로 쌓은 무덤'이라는 핵심적인 내용은 크게 다를 바 없다.

피라미드에 제기되는 의문들

학계가 주장하는 이 표준 이론을 가로막고 있는, 여러 연구자들에 의해 제기된 의문들은 다음과 같다.

첫째. 쿠푸의 피라미드 건립과 직접 관련되는 기록이 발굴되지 않고 있다. 쿠푸는 물론 카프레나 멘카우레 등의 무덤으로 기자의 세 피라미드들을 확정 짓는 직접적이고도 신뢰성 있는 문서나 비문 등이 없는 것이다. 피라미드 내·외부는 물론 별도로 남아 있는 문서 기록도 없다. 이래서는 대부분의 정보를 헤로도토스가 들었다는 구전에만 의존할 수밖에 없다. 왕의 방 천장부 돌에 적힌 글자 한두 개를 쿠푸와 연결 짓기도 하지만, 위조설이 끊임없이 나도는 이 낙서에 가까운 것을 증거로 대피라미드의 정체에 대한 결론을 내리는 것은 합리적이지 않다.

둘째. 쿠푸의 시대에 피라미드가 지어졌다고 전제하더라도, 헤로도토스는 그보다 2,000년 후의 인물이다. 따라서 그의 학자적 소양과는 상관없이, 그가 신관에게서 전해 들었다는 정보 자체의 정확성에 문제가 있을 가능성이 높다. 삼한시대에 지어진 건축물에 대한 정보가 단지 구전만으로 현대의 역사학자에게 전해지는 상황을 상상해 보면 된다. 이렇게 오랜 세월을 건너뛰었을 때 그 구전은 신화와 전설의 영역을 크게 넘어서지 못한다.

셋째. 피라미드가 무덤이라는 증거 자체도 발견된 바 없다. 9세기에 아라비아의 칼리프 알 마문이 불에 가열한 후 차가운 식초를 뿌리는 방법으로 외벽을 깨고 처음 왕의 방에 도달했을 때, 그 속에는 일부 파괴된 돌관 외에는 아무것도 없었다. 시신도, 미라도, 부장품도 없었던 것이다.

주류 학계에서는 그 이유가 피라미드가 이미 오래전에 도굴되었기 때문이라고 주장한다. 하지만 알 마문이 들어갔을 때부터 입구를 열거나 부장품을 내간 흔적이 없었다는 점은 명확하게 기록으로 남

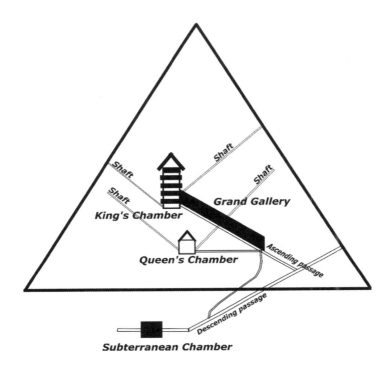

8-3 피라미드 내부 투시도. 좁은 길들이 가파른 경사로 연결되어 있다. 위쪽에 Shaft라고 표기된 V자 형태 통로 2개는 좁은 환기구멍으로 사람이 오갈 수 없다. 가운데 층층이 보이는 공간이 소위 왕의 방과 여왕의 방. 기울어진 검은 사각형으로 표현된 것이 소위 대회랑으로, 26도 각도로 우측으로 내려온다.

아 있다. 도굴을 하게 되면 그 과정에서 부장품 일부를 떨어뜨리거나 버리고 가게 돼 부서진 그릇과 각종 쓰레기 등이 현장에 나뒹굴게 마련이다. 게다가 피라미드 내부 통로처럼 이동이 부자유스러운 곳에서 많은 물건들을 지니고 나가려 한다면 더욱 그랬을 것이다.

알 마문이 뚫고 들어갔을 때, 이 대회랑에서 다시 우측의 입구까지 연결되는 길은 거대한 현무암 덩어리들로 막혀 있어 다른 쪽으로 길을 뚫어야 했다. 한편 대회랑에서 거의 수직으로 내려가는 굽은 갱

도는 사람 한 명이 겨우 지나갈 정도의 너비다. 이런 공간에서 들고 난 흔적을 남기지 않고 모든 부장품을 깨진 조각 하나 없이 싹쓸이해서 나가는 것은 불가능하다.

게다가 이 피라미드들의 안팎에는 주인의 업적과 생애를 기린 그림이나 상형문자도 일체 없다. 이런 엄청난 무덤을 만들 정도로 자의식이 강하고 욕심이 컸던 왕이 그 무덤의 주인이 자신이라는 증거를 하나도 남기지 않을 이유가 무엇일까. 상형문자로 도배되어 있는 왕가의 계곡 등 다른 무덤들과 비교하면 그 기묘함은 더욱 배가된다.

따라서 알 마문 이전에 피라미드가 이미 도굴됐다는 주장은 '저게 무덤이 아니면 무엇이겠는가'라는 막연한 편견을 근거로 하여 내부에 미라나 부장품이 없었다는 정황에 의한 추정일 뿐, 어떤 구체적인 증거도 없다. 오히려 지금까지 다양한 연구조사를 통해 나타난 증거들은 알 마문 이전에 피라미드에 들어간 사람이 아무도 없으며 이는 피라미드 내부가 원래부터 지금처럼 비어 있었다는 점을 시사한다.

넷째. 피라미드 건설 자체의 어려움이다. 피라미드는 파라오의 권력과 무한의 노동력으로 건설했다고 간단히 말해버리기에는 너무 크고 복잡한 건축물이다. 이때 흔히 지적되는 것은 수 톤짜리 돌을 수백만 개나 쌓아 올리는 일을 과연 인력으로만 해결할 수 있느냐는 점인데, 특히 왕의 방의 바닥과 천장, 벽을 구성하고 있는 개당 70톤의 화강암 덩어리 수십여 개에 이르면 상황은 불가능에 가깝다. 이런 암석을 인력으로 100미터 높이까지 끌어올릴 수 있는 기술은 물론이거니와 그 무게를 감당할 수 있는 나무로 된 장치나 밧줄 같은 것이 존재할 수 없기 때문이다.

설사 교묘한 도르래와 금속와이어 등을 사용해 1인당 200킬로그램을 들 수 있는 장비를 만든다 한들, 70톤을 들기 위해서는 350명의 일꾼이 동시에 필요하다. 왕의 방 주변 같은 좁은 공간에 수백 명이 들어가 일해야 할뿐더러, 작업 중 조금만 균형을 잃으면 걷잡을 수 없이 기울어져 주변의 많은 사람들이 다치거나 죽게 된다.

하지만 이보다 더 경이로운 것은 피라미드의 정밀성이다. 기자 피라미드 건립에 적용된 건설 공차는 고작 0.1퍼센트 정도인데 현대 대부분의 건축물은 1퍼센트 정도의 오차를 허용한다. 그 이유는 결과물에 별로 차이가 없고 일이 훨씬 쉽기 때문이다.* 실제로 기자 피라미드들의 남북면은 지구의 남북 자오선(경선)과 평행하는데, 그 각도상의 정밀도는 세계 자오선의 기준으로 인류 역사상 가장 정밀하게 건설했다는 영국의 그리니치 천문대의 남북 벽보다도 더 높다.

이런 모습들은 내부 공사에서도 마찬가지로, 일단 공학적으로 실현이 거의 불가능하다고 이야기되는 대회랑이 있다. 수십 미터가 넘는 이 긴 통로의 양쪽 끝 폭의 차이가 6~7밀리미터에 불과하다는 사실에 직면하면 경탄을 넘어 경악에 이르게 된다. 거대한 돌무더기를 쌓아나가면서 그 내부의 중간중간에 이런 식의 공간들을 정밀하게 만들어나가는 작업이 얼마나 힘들지는 상상하기도 어려운 일이다.

이렇게까지 정밀하게 만들어야 하는 '이유'는 제쳐두더라도, 아무리 정밀하게 만들고 싶다 하더라도 기술이 따르지 않으면 실현될 수 없다. 현대 레이저 측량 기술에 버금가는 정교한 측량은 물론, 그 계

---

* 공차는 설계와 실제 시공된 건물간의 각도, 길이 등의 허용 오차 범위다. 1퍼센트 선으로도 안전성을 확보할 수 있음은 물론 육안으로 식별이 불가능하다. 따라서 0.1퍼센트의 정확성을 추구하는 것은 건축공학적인 의미가 전혀 없다. 끊임없는 계산과 측량, 수정 등이 필요하고 이는 기술과 시간, 돈을 의미하기 때문이다.

산대로 모든 돌 블록을 정확한 위치에 놓음으로써 원하는 결과를 실제로 얻어내야 하기 때문이다. 인력으로 수 톤의 돌덩이 수백만 개를 쌓아나가는 과정에서 1센티미터 더 정확하게 만들기 위해 수정에 수정을 거듭하는 것은 완전히 미친 짓이다. 하지만 피라미드의 건축가들은 그걸 해냈다.

같은 대규모 고대 유적지라고 해도 만리장성이나 진시황릉의 경우는 이야기가 전혀 다르다. 이것들은 전체 규모가 거대할망정 단위 공정에 있어서는 엄청난 기술적 어려움을 수반하는 난공사는 아니고, 오랜 시간 꾸준히 노동력을 투입하면 고대의 기술로도 건설할 수 있었다는 점을 납득할 수 있다.

반면 피라미드의 경우, 20년 동안 매년 3개월간 공사를 진행했다는 표준 이론을 근거로 하면 하루에 1,000개의 바위 블록을 끊임없이 쌓아야 한다. 매일 12시간 공사를 진행하는 경우 1시간에 80개, 즉 1분에 1개 이상을 작업해야 하는데 블록 하나가 평균 2.5톤이다. 그 무거운 바위를 지상 100미터가 넘는 지점까지도 정확히 올려놓아야 되는 것이다. 여기에 사용되는 노동의 양은 실로 엄청나고, 노동 자체뿐 아니라 수많은 일꾼들에 의해 일이 이렇게 진행되기 위해 준비되어야 하는 의식주 등 주변 인프라를 생각해본다면 피라미드 하나를 짓기 위해 고대 이집트의 전체 국력을 동원해도 부족한 감이 없지 않다.

그리고 작업 과정에서 145미터에 달하는 거대한 이 삼각뿔 건물이 중간에 무너지지 않도록 끝없이 측량과 계산, 검증이 이루어져야 된다. 1분에 하나씩 돌을 얹어가는 초스피드의 과정이라면 계산이 조금만 어긋나도 며칠만 지나면 엄청난 오차가 발생한다. 이런 공사에서 오차는 곧 치명적인 붕괴 사고로 연결되게 마련이다.

또 피라미드에 파이(원주율)가 구현되어 있다든가, 기자의 세 피라미드와 스핑크스 사이에 존재하는 황금분할 등 피라미드 건설자들의 놀라운 수학적 능력을 증명하는 많은 이론들이 있다. 이런 거대한 피라미드를 이처럼 정교하게 짓는 것은 파라오의 절대 권력이나 무한대의 노동력을 통한 밀어붙이기로는 불가능하고, 지식과 공학 기술의 문제로 귀착된다. 피라미드를 만든 사람들이 누구든, 그들은 바로 그것을 소유하고 있었던 것이다.

이상과 같은 이유들로 인해 헤로도토스에서 현대 이집트학으로 이어지는 기자 피라미드에 대한 교과서적 주장에는 반론의 여지가 매우 많다.

현대 과학과는 다른 초고대의 과학기술

피라미드를 발상하고 건립한 문명은 이후 인류가 만들어온 문명과는 전혀 다른 배경의 사상을 갖고 있었을 것이다. 생각해보자. 중세인들에게 63빌딩이나 무역센터 등 현대 고층빌딩의 사진을 보여주고 이런 건물을 세운 이유를 짐작하게 한다면 어떤 말을 할까. 다양한 추측이 나오겠지만 '비싼 땅값을 절약하기 위해서는 높은 건물을 짓는 게 경제적이다'라는 의견을 내놓는 사람은 없을 것이다. 그러나 현대에 있어서 마천루를 쌓는 가장 큰 이유는 종교도 권력도 상징도 아닌 경제 논리다. 다른 사회의 중심적 가치를 이해하지 못한 데서 오는 이런 오류는 과거를 바라보는 우리에게도 적용될 수 있다.

또, 역사는 단선적으로 진보해오지 않았고, 문명의 융성과 퇴보는 계속 반복되고 그 형태만 바뀌는 거라는 사실을 받아들일 필요가 있다. 예컨대 로마나 그리스는 사고방식은 물론 과학기술에 있어서도 이후의 중세유럽보다 훨씬 발전되어 있었다는 점은 잘 알려진 바와 같다.* 따라서 그런 상황이 다른 시대 간에도 적용되지 못할 이유는 없다. 솔론과 헤로도토스 등의 증언에 따르면 이집트 신관들은 한결같이 당대의 그리스나 로마보다 훨씬 앞선 문명의 존재에 대해 전하고 있다.

이런 점이 시사하는 바는 명료하다. 그 모든 정교함이 끝없는 우연의 조합이 아닌 한, 기자의 대피라미드가 세워진 4,500년 전에 그걸 가능케 한, 어떤 점에서는 현대를 능가할지도 모를 과학과 기술이 존재했다는 것이다. 그리고 그것은 더 오래전의 과거에서 전해져 와서 이 시대를 정점으로 조금씩 사라져간 것처럼 보인다는 점이다.

그렇다면 이 과학과 기술, 즉 지식은 어떤 것이었을까. 이 문제에 대해 조금 심도 깊은 논의를 해보자.

지식의 개념은 일반의 생각과는 달리 매우 상대적이다. 특유의 관념성 때문에 오히려 일종의 객관성을 획득하는 수학과는 달리, 물리학이나 생물학이나 공학 같은 것들은 시대나 지역에 따라 가변적인 성향을 갖고 있다. 이것은 우주의 모든 것을 완전히 알아냈다는 확

---

* 고대 그리스에서 지구가 둥글다는 것은 상식이었고, BC 230년경의 에라토스테네스 Eratosthenes는 그 크기까지 정확하게 계산해냈다. 지구가 평평하다는 주장에 맞서 콜럼버스가 여행을 떠나기 1,600년 전의 일이다.

신이 불가능함으로 인해 생겨나는 파기와 전환의 가능성 때문이다.

일례로 뉴턴 시절에 우주의 기본 법칙은 이미 밝혀진 것처럼 보였지만 이후 아인슈타인의 상대성원리와 하이젠베르크, 닐스 보어 등이 개척한 양자역학에 의해 그 불완전성이 낱낱이 파헤쳐지고 말았다. 또 상대성원리와 양자역학의 상호 모순성은 또한 이를 동시에 설명하기 위한 초끈 이론 등 다양한 물리학 개념으로 보완되고 있다.

한편 동양과 서양은 전통적으로 완전히 다른 생물학적·의학적 패러다임을 발전시켜왔고, 21세기에 들어선 현대에도 서로 갈등과 보조를 이루면서 발전해가고 있다. 서양 과학의 관점에서 본다면 혈이나 경락의 개념에 의존하는 침, 사상의학의 체질론 등은 전혀 사실 무근의 미신이라고 해도 과언이 아니다. 그러나 이런 개념에 기초한 동양적 치료법들은 실제 임상에서 효과를 보이는 경우가 많고, 그렇기에 대학에서도 가르치는 공식적인 학문으로 존중되고 있다.

이런 경우들은 현대를 지배하고 있는 서양의 과학과 전혀 다른 가치관이 존재하고 유효하다는 것을 증명하는 단적인 예라고 하겠다. 우리는 가벼운 소화불량에 걸렸을 때 엄지손가락을 '따서' 즉각적인 효과를 보지만, 어떤 서양의 과학 이론도 엄지손가락에서 흘리는 어혈을 통해 소화불량을 해소하는 메커니즘을 설명할 수 없다.

이제 한 가지 가정을 해보자. 만약 어떤 역사적인 이유로 우리가 한의학의 개념들을 오래전에 모두 잊었고 그 결과 서양 의학만이 존재하는 세상이 되었다고 상상하자. 그러던 중 한 고고학자가 고조선의 유적을 발굴하면서 이상한 책을 발견하게 되는데, 여기에는 혈, 경락 등 인체에서 실제로 보이지 않는 이상한 '기관'들이 열거되어 있

8-4 바알베크Baalbek의 '임산부의 돌'. 무게 1,000톤으로 추산되는 이 바위는 현대 과학기술로도 옮길 수 없다.

8-5 이집트 아스완에 남아 있는 미완성 오벨리스크. 깎는 도중 금이 가서 버려진 것으로 추정된다. 길이 40미터 무게 1,185톤. 이것을 정말 이동시켜서 세울 생각이었을까.

足厥陰肝經之圖

8-6 경혈. 경혈은 그 존재를 한의학으로 일상생활에서 체험하는 우리에게는 당연한 것이지만 과학적 근거는 전무하다. 따라서 한의학을 인정하는 사람은 다른 분야에서 아무리 서양적 합리성을 외친다 한들 현대 과학의 패러다임에서는 한발 벗어나 있는 것이다.

을 뿐 아니라 엄지손가락에서 피를 내면 급체가 낫는다는 등의 비논리적인 주장들로 점철되어 있다면 어땠을까. 이 책을 진지하게 다루는 학자는 한 명도 없을 것이고, 원시시대 엉터리 의술의 일례로서 박물관의 한 자리를 차지하고 관람자들의 쓴웃음을 자아냈을 것이다.

그런 일이 일어나지 않았기 때문에 우리는 현재에도 소화제로 잘 낫지 않는 소화불량을 손가락을 따서 가라앉힌다. 보존되고 유지되었기에 그것을 믿고 실행하는 것이다. 일단 잊히고 나면 다시 신뢰성을 획득하기는 아주 어렵다.

아마도 서양의학과 동양의학은 상반되는 것이 아니라 인체의 신비에 접근하는 두 가지 다른 길일 것이다. 이런 길은 비단 의학뿐 아니라 지식의 거의 모든 분야에 걸쳐 복잡하게 얽혀 있을지도 모른다.

또, 지식과 기술의 보급은 그 사회적 필요성에 크게 의존한다. 바그다드의 옛 메소포타미아 유적에서는 건전지 역할을 할 수 있는 항아리가 발견되었다. 그리고 수천 년 전의 유물들 중 전기가 없이는 만들 수 없는 알루미늄으로 만들어진 것들이 출토되고, 역시 전기를 사용하지 않으면 불가능한 얇은 피막의 순금으로 도금된 칼이 발견된 적도 있다. 이런 점들을 보면 과거에 국지적으로나마 전기가 사용되었을 가능성이 매우 높다.

이런 주장이 제기되었을 때 회의적인 학자들은 '어떻게 그런 고대에 전기가 쓰일 수 있었는가' 그리고 '만약 그렇다면 왜 전기가 널리 보급되어 확산되지 않았는가' 등의 문제를 제기한다. 여기에 대한 답은 단순하다. 전기는 언제 어디서나 발견·사용될 수 있는 것이고 그것이 전파되지 않은 것은 그럴 필요가 없었거나 여건이 안 되었기 때문이다.

현대의 상징처럼 이야기되는 전기는 천재에 의해 발명된 것이 아니라 자연계의 주요 힘 중 하나로서 일상생활에서도 쉽게 접할 수 있는 현상이다. 따라서 어느 시점의 누구라도 찾아낼 수 있었으며, 약간의 운과 손재주가 있었다면 오늘날의 건전지와 비슷한 기능의 물건을 만들어내는 것은 얼마든지 가능하다. 따라서 2,000년 전 유물 속에 섞여 있더라도 그리 놀랄 일은 아니다.

현대에 전기가 이처럼 널리 보급된 것은 전기 자체의 위력이라기보다는 우리가 이를 절실히 필요로 하는 문명적 지점에 있었기 때문이다. 고대 사회에서는 아침에 해가 뜨면 일어나 일하고 저녁에 해가 지면 자는 게 당연한 삶이었다. 밤에 굳이 전깃불로 밝은 조명을 매달아놓아야 할 필요가 없었다. 전기의 힘으로 돌려야 할 거대한 기계들도 없었고 사회구조가 이를 뒷받침하지도 않았다.

인류가 전기라는 동력원을 절실히 필요로 하고 대량 사용하게 된 것은 산업혁명과 자본주의의 도래라는 사회구조의 격변에 따른 결과다. 대량생산의 공장 시스템과 그것이 가져다준 풍요는, 밤을 새워 기계 앞에 앉아 있어야 하는 노동자들과 밤새 오락을 찾아 헤매는 가진 자들을 위해 값싸고 안정적인 조명을 필요로 하게 되었다. 또 거대한 공장의 기계를 작동시키기 위해 더럽고 번거로운 석탄을 때는 증기기관을 공장마다 설치하는 것보다는 사회간접자본으로서 발전 시스템을 확충하여 그 에너지를 분배해 사용하는 것이 장기적인 면에서 훨씬 유용하다.

이런 여러 가지 여건이 맞아떨어졌기 때문에 때마침 발견되어 연구되던 전기에너지의 가능성이 크게 부각되었고 그 결과 급속도로 퍼져 나가 지금은 현대 문명에 없어서는 안 되는 에너지원으로 자리 잡은 것이다. 요컨대, 산업혁명은 전기에 의해 일어난 것이 아니라 증기기관에 의해 촉발된 것이고, 전기혁명은 그 한참 뒤에 산업혁명

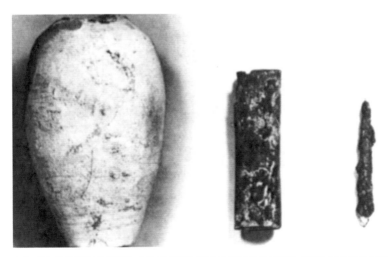

8-7 바그다드의 전지 항아리. 수천 년 전 인공적으로 전기를 만들었던 사실이 이를 통해 증명되었다. 그러나 단편적인 기술의 발견과 이를 통한 문명의 재편은 별개의 문제다.

에 의한 사회 재편의 결과로 나타났다.

반면 수천 년 전의 바그다드에서라면 전기가 발견되었다 하더라도 특수한 용도 외에는 쓸 일이 전혀 없었을 것이다. 건드리면 따끔거리고 양극을 교차시키면 불꽃을 내는 이 이상한 항아리는 아마도 호사가들의 장난거리 정도로 쓰였거나, 일부 금속 세공업자들이 얇고 아름다운 도금을 하는 비법으로 작업실 구석에 숨겨놓고 있었을 것이다. 그 이상의 효용은 알아내지 못했거나 생각할 필요조차 없었다.

이렇듯 전기가 현대 문명의 상징이 된 것은 전기 그 자체의 발견과 사용 때문이 아니라, 그것이 사회상과 맞물려 전 지구적으로 퍼져 나갔고 이후 이를 활용한 수많은 기술적 개가가 이어졌기 때문이다. 만약 그러지 못했다면 1799년 알레산드로 볼타Alessandro Volta의 역사적인 전지 발명 역시 바그다드의 그것처럼 묻혀버리고 말았을 것이다.

대재앙 이후에도 외계인들은 지구를 방문했다

이제 다시 논점으로 돌아가보자. 한의학을 통해 예를 들었듯이 지금은 알지 못하는 어떤 사고 체계가 과거의 어느 시점에 존재했을 가능성은 충분히 있다. 또 그런 사고 체계가 만들어낸 모종의 기술적 관점이 존재했을 수도 있다. 그러던 중 어떤 이유로 인해 그것이 필요 없게 되거나 더 이상 사용할 수 없는 시점이 되면, 아예 사장되거나 더 효용이 높아 보이는 다른 것에 의해 대체됨으로써 과거의 것은 잊히고 만다. 2,000년 전의 전지가 백열전등과 우주선, 컴퓨터로 발전하지 못했듯이 말이다.

아주 오랜 과거에 그 같은 일이 범지구적으로 일어났다고 가정해보자. 만약 그랬다면 과연 그 시점은 언제이며 동기는 무엇이었을까. 현대 인류는 산업혁명과 기술 문명의 도래를 인류 문명의 가장 급진적인 전기로 보는 것에 익숙하지만, 한편 지금의 산업사회는 아직도 청동기시대부터 시작된 약 5,000년간의 '금속 시대'의 연장선상에 있다. 그리고 그 이전의 시대는 이른바 석기시대, 바로 돌의 시대였다. 이 석기시대는 뭉뚱그려서 원시시대로 이야기되지만, 그 기간만을 봐도 구석기와 신석기를 두루 합쳐 최소 수십만 년에 이른다. 이 기간은 청동기시대부터 지금까지의, 우리가 이른바 역사시대라고 부르는 기간의 근 100배에 이르는 장구한 세월이다. 이런 긴 세월 동안 우리의 선조들은 돌에 의지해 살면서 그 활용에 집착해왔던 것이다.

만약 고대에 산업혁명에 버금가는 사회적 계기가 있었다면, 그 시점은 바로 인간이 돌을 버리고 금속을 사용하게 된, 즉 청동기가 본격적으로 쓰이기 시작한 때였을 것이다. 문명의 주된 소재가 돌에서 훨씬 다루기 쉬운 금속으로 변하면서 그에 따른 기술적·사회적 조건들도 덩달아 모두 변해버렸을 것이다. 진보의 측면만큼이나 상실의 측면도 함께 드러내면서.

그렇다면 그 기나긴 석기시대에 고대의 인류는 과연 무엇을 발전시켰을까. 석기 문명의 업적은 단지 우리가 교과서에서 배운 타제석기打製石器와 마제석기磨製石器, 돌도끼, 돌칼 등이 전부일까. 혹시 우리의 상식을 훌쩍 넘어서는 화려하고도 거대한 직간접적 유물들이 현재도 곳곳에 남아 있지만 그 지나친 훌륭함 때문에 오히려 감히 당시의 흔적으로 인식하지 못하는 것은 아닐까.

8-8 1만여 년 전 신석기시대의 것으로 추정되는 돌 항아리. 단단한 현무암 덩어리의 속을 바깥의 곡선과 일치하게 파내어 만든 정교한 물건이다. 양쪽 끝의 귀퉁이에는 끈을 꿰기 위한 것으로 보이는 긴 구멍이 관통돼 있다. 전기 드릴 같은 세공 장비가 없었던 그 시대에 어떤 방법으로 깎고 뚫고 다듬었는지는 전문가들도 난색을 표한다.

수십만 년 동안 돌을 다루면서 그들은 지금의 금속과 전기(둘은 서로 밀접한 관련이 있다. 금속이 사용되지 않는 문명에서 전기는 무의미하다)로 이루어진 문명으로는 접근할 수 없는 특정한 경로를 따르게 되었을지도 모른다. 그리고 그 경로의 연장선상에서, 지금의 우리가 누리고 있는 컴퓨터 문명이 이들에게 마법일 것이듯이, 지금의 우리에게 마법으로 보일지도 모를 모종의 지식과 기술을 습득했을지도 모른다.

그러나 세월이 지나면서, 마치 나름의 장점에도 불구하고 LP 레코드가 CD에 의해 대체되고 CD가 MP3에 의해 대체되듯이, 청동·철 등 편리하고 강력한 금속의 출현과 그에 따른 사회구조의 변화에 의해 찬란했던 석기시대의 문명과 지혜는 역사의 뒤안길로 소멸해간 것은 아닐까. 수십만 년 동안 축적된 관련 지식들과 함께 말이다. 그리고 아마도 피라미드와 그 밖의 불가사의한 거석 유적들은 바로 이런 지식의 연장선상에서 아직도 거기 존재하고 있는 것인지도 모른다.

행성 Z와 화성의 멸망 전, 즉 대재앙 이전에 지구에 살던 사람들은 우리가 불로 쇠를 녹여 능수능란하게 다루듯이, 무겁고 가공이 어려운 돌을 능수능란하게 다루는 문명의 주인이었다. 그들은 기자 지역에 스핑크스를 세우고* 당시 오리온좌의 모양을 본떠 대피라미드를 위한 3개의 기단부를 만든다.

---

* 미국의 지질학자인 하버드대학교 로버트 쇼흐Robert Schoch 박사에 의하면 석회암 마모 정도에 근거해 스핑크스의 건축 연도는 BC 9000년까지도 거슬러 올라갈 수 있다. 따라서 피라미드의 완성 시기와는 별개로 스핑크스는 대재앙 이전에 이미 건설되었을 가능성이 높다.

당시의 문명을 이해하지 못하는 우리로서는 이 기묘한 건물의 원래 용도가 무엇이었는지 말할 수 없지만, 무덤은 아니었다. 오래전 초고대 사회라 하더라도 기본적인 경제 법칙은 적용되었을 것이다. 단지 고대의 산물이라고 해서 모든 것을 무덤이나 신전 같은 것으로만 연결시키는 태도는 과학적이라기보다는 인습적이다.

아마도 이렇게 큰 건물을 세우는 데는 거기에 합당한 용도가 있었을 것이고, 원래의 의도는 우리가 이해할 수 없는 원리로 작동하는 일종의 에너지원이나 무기에 가까운 것이었을지도 모른다. 그러나 얼마 지나지 않아 예기치 않은 행성 파괴의 대파국이 일어나는 바람에 그들은 결국 피라미드를 완성할 수 없었던 것이다.

그러고는 수천 년의 장구한 세월이 꿈처럼 흘러갔다. 남은 폐허에서 문명은 조금씩 재건되었고, 약 5,000년 전에 이르자 구석구석 남겨진 고대의 기술을 토대로 기자의 대피라미드들도 건설된다. 실제로 쿠푸와 그 후대의 두 왕들이 기록을 근거로 이것을 완성했을지도 모른다. 하지만 고대가 남긴 기술들을 그대로 재현하기에는 너무 오랜 시간이 지나버렸기 때문에 이때 만들어진 피라미드는 원래의 기능을 갖지 못했다. 그렇게, 이 건물들은 실물이 아닌 일종의 정교한 모형으로서 오래전 황금시대와 연결된 파라오의 영광을 나타내는 일종의 기념비 역할을 하게 되었을 것이다.

확실한 것은 이집트의 피라미드 건립 기술은 기자의 대피라미드군 건설을 정점으로 점점 퇴보해갔다는 점이다. 이후의 피라미드들은 규모도 작아지고 내외벽도 엉성하며, 심지어 건설 중에 붕괴되기도 했다. 이집트의 수천 년 역사 속에서 기자 이후 다시는 그런 대작을 건설해내지 못했다는 사실은, 전반적인 기술 수준이 발전이 아닌 퇴보의 방향이었다는 사실을 증명한다.

그렇게 된 이유는 단순하다. 이때 이집트인들이 재건한 문명에는 충분한 지속 가능성이 없었기 때문이다. 고대로부터 전해온 기억의 자락을 붙잡고 있었을 뿐, 그 원리를 제대로 이해하지 못해서일 것이다. 혹은 문명 재건의 초기에 이르러 달이나 화성에서 지구로 온 존재들에 의해 초고대의 지식과 기술이 다시 일깨워졌을 수도 있다. 그리고 그들이 다시 떠난 후 긴 세월이 흐르자 기술은 잊히고 문명은 점점 쇠퇴해간다.

이집트 신화 속에는 많은 신들이 등장하지만 주신이라고 할 오시리스와 이시스, 그리고 그들 사이에 난 아들 호루스 등과 그 이후에 등장하는 호루스의 후계자들은 같은 신격이라 해도 시대와 급이 상당히 다르다. 그들 중 일부는 아주 오래전의 존재들이고, 후대의 신들은 대재앙 이후 달이나 화성에서 이후에 찾아온 존재들로서 신화 속에서 섞여버렸을 것이다.

암벽화에 남아 있는 외계 생명체 방문의 증거

대재앙 이전과 이후 지구인들이 다른 행성의 지적 생명체들과 교류한 것으로 보이는 증거들은 암벽화 등의 형태로 많이 남아 있다.

사진 8-9는 1장에서 등장했던 암각화로 사하라 사막의 타실리 나제르Tassili N'ajjer 지방에서 발견된 것이다. 이 시대는 석기시대로 문자는 물론, 세련된 현대적 형태의 인공물이나 기계, 의복은 존재하

지 않아야 마땅하다. 그러나 여기에 그려진 인물은 일종의 투구 혹은 헬멧을 착용하고 있는 것처럼 보인다. 자세히 보면 머리와 몸을 잇는 목 부분이 상당히 정교하게 밀폐되어 있고, 헬멧의 외양 역시 일반적인 머리카락의 형태와는 전혀 다른 반복 무늬의 패턴을 보여준다.

이보다 중요한 것은 가슴 부분의 세로 주름인데, 이것은 당시에 착용하던 털가죽이나 거친 옷감류에서는 나타날 수 없는 주름으로, 비단같이 얇은 실로 정교하게 짠 천 혹은 비닐과 같은 상당히 매끈매끈한 재질로 만들어진 모습이다. 나아가 의복의 디자인도 현대의 우주복과 비슷한 일종의 오버올overall 스타일로, 종합적인 관점에서 우리

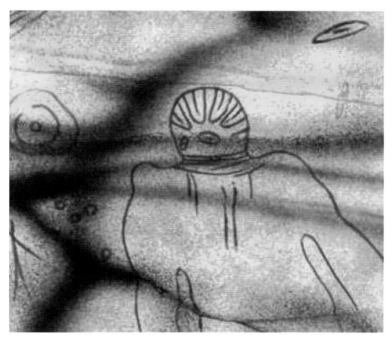

8-9 8,000년 전의 암각화.

가 알고 있는 석기시대의 사람들과는 전혀 어울리지 않는 모습이다.

한편 우측 상단과 좌측에는 하늘을 날고 있는 듯한 원반 형태의 물체가 나타나 있다. 이것이 만약 따로 그려져 있었다면 원시적인 회화나 무의미한 낙서로 여겨질 수 있지만 중간의 인물 덕택에 자연스럽게 UFO를 연상하게 만든다. 또 잘 보이지는 않지만 좌측 구석으로 가면 또 다른 사람들의 형상이 일부 보이는데, 중앙의 인물에 비해 생략되어 어린이의 그림처럼 단순한 선으로만 묘사되어 있다. 이 그림이 자신들을 나타낸다면 중앙의 인물은 그들 자신과는 판이하게 다른 어떤 존재를 특별히 묘사하려 했다고 생각하는 것이 타당하지 않을까.

이제 사진 8-10을 보자. 이 벽화는 약 1만 2,000년 전의 것으로 이탈리아의 발 카모니카에 있는데, 여기에도 헬멧을 쓴 듯한 사람들의 모습이 그려져 있다. 이때는 구석기시대로 아직 돌을 갈아서 날카롭게 만들어 쓴다는 개념조차 없던 시절이었다. 생활을 위해 사용한 도구들은 깨뜨려서 뾰족하게 만든 돌이나 동물의 뼈, 나무 등이 주종이었다.

돌이나 뼈를 갈아내는 기술이 없다는 것은 단단한 물체를 곡선으로 부드럽게 연마할 수 없다는 말과 같다. 그럼에도 이 인물들이 쓰고 있는 헬멧은 부드럽고 자연스러운 곡선을 보여주고 있으며, 정교한 많은 촉수나 돌기를 달고 있을 뿐 아니라 빛을 발하고 있는 듯도 하다. 손에도 정체를 알 수 없는 길쭉한 도구 같은 것을 들고 있는데 전반적으로 구석기시대 인류의 형상과 이 그림은 도무지 어울리지 않는다. 이런 독특한 머리 형태를 가진 인물상은 이들만이 아니다.

사진 8-11은 발 카모니카에서 수만 킬로미터 떨어진 남미 페루

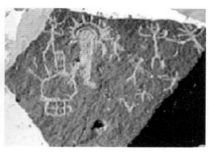

8-10 이탈리아의 동굴벽화.　　　　　　8-11 페루의 암벽화.

에 있는 암벽화로 8-10의 그림과 비슷한 시기에 그려진 것으로 추정
된다. 양식의 차이는 있지만 빛나는 헬멧을 쓴 듯한 인물의 머리 부
분에 대한 묘사는 사실상 동일하다.

　이 그림에서 또한 눈여겨봐야 할 부분은 좌측 아래의, 중앙의 인
물이 빠져나오는 듯 보이는 정체불명의 물체다. 마치 아폴로 우주선
의 착륙선을 연상시키는 이것은 1만 2,000년 전 구석기시대와는 어
울리지 않는 '기계'의 이미지를 강하게 풍기고 있다. 또 주인공에 비
해 단순하게 표현된 우측 주변 사람들은 스스로의 모습을 간략하게
묘사한 것으로 추측되며, 중앙의 인물을 보고 놀라 도망치거나 혹은
환호하는 것처럼 그려져 있다.

　한편 사진 8-12는 오스트레일리아의 킴벌리에서 발견된 것으로
대재앙 이후인 약 5,000년 전의 것으로 추정되고 있다. 역시 양식의
차이는 있지만 머리에 헤드기어를 착용하고 이 부분이 빛나는 듯한
묘사는 앞의 것들과 동일하다. 특히 이 그림의 경우 8-9와 같이 몸
전체를 둘러싸는 슈트를 입고 있는 모습이 상당히 구체적으로 그려
져 있다. 그러나 그 시절에 이런 복장은 제작 기술은 물론 개념 자체

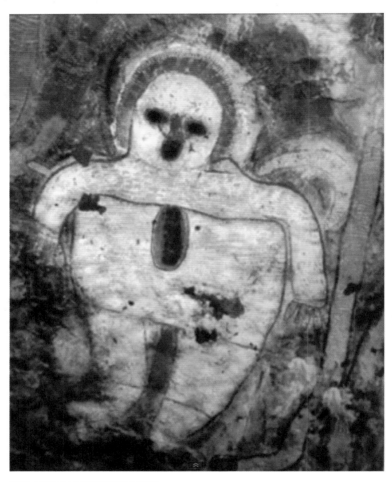

8-12 고대 오스트레일리아의 인물화.

가 존재하지 않았다. 몸의 중앙에 있는 정체불명의 검은 장치나, 인물의 우측이나 등 뒤로 연결된 호스와 유사한 물체는 현대 우주비행사의 모습과 아주 비슷하다.

한편, 인물이 아닌 UFO 자체를 묘사한 듯한 그림들도 많이 남아 있다. 사진 8-13은 탄자니아의 이톨로에 있는 암벽화로 제작 시기는 약 2만 9,000년 전까지 거슬러 올라간다.

사각형 안에 있는 두 물체가 무엇을 묘사하고 있는지 입증할 방법은 없다. 그러나 동물, 산이나 나무 등의 자연, 사람 외에는 그릴 대상조차 존재하지 않았던 3만 년 전이라는 시점을 고려해볼 때, 이 대칭형 물체가 단지 고대인의 상상의 산물이라고는 생각하기 힘들다. 상상도 그 배경이 있어야 가능하기 때문이다. 인공물 자체가 사실상 없어야 할 시대에 이들은 무엇을 보고 어떤 상상을 하여 이런 형태를 그린 걸까.

또한 이들 형상 아래에는 마치 지상으로 쏟아져 내리는 것 같은 2개의 굵은 선마저 그려져 있다. 이것들이 위의 UFO 형체와 직접 관련되었다는 점은 각도상의 연관성을 통해 확인할 수 있다.

마지막으로 8-14를 보자. 약 7,000년 정도 전에 그려진 것으로 알려진 멕시코의 이 그림은 하늘에 나타난 정체불명의 빛을 발하는 거대한 원반과 이를 보고 있는 사람들의 모습이 확연하게 담겨 있다. 아래의 팔을 벌리고 서 있는 네 사람의 자세는 느닷없는 물체의 출현에 놀라고 있는 목격자들의 감정의 일단을 보여주는데, 어쩌면 신적인 존재로서 이 비행체를 경배하고 있는지도 모른다.

이 그림들 중에는 대재앙 이전의 것들도 있지만, 상당수는 BC 1만 500년 이후의 것들이다. 이 책의 앞부분에서 필자는 지구상에 나타

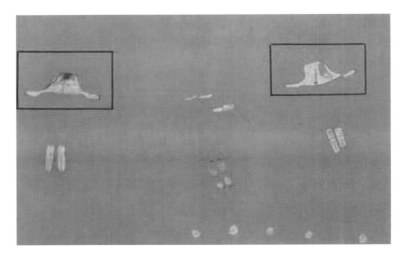

8-13 탄자니아의 암벽화.

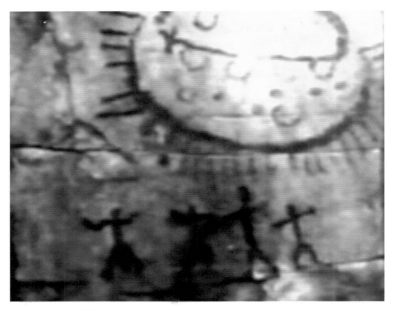

8-14 멕시코의 벽화.

나는 수많은 UFO와 외계인들이 우주 전역에서 몰려올 수는 없다는 점을 전제하고, 따라서 대부분은 사실 지구에서 비교적 가까운 곳에서 방문하고 있다는 주장을 펼친 바 있다. 태양계에 문명을 가진 3개의 행성이 있었다는 이 책의 스토리 자체가 거기에 기반을 두고 있음은 물론이다.

그렇다면 같은 이유로 이 그림의 외계인들 역시 화성이나 행성 Z, 둘 중 하나에서 왔을 것이다. 그들은 수시로 우리와 영향을 주고받아왔고, 또 대재앙 후에도 살아남은 자들은 심심찮게 지구를 방문하며 직간접적으로 지구인들과 교류했을 것이다. 그러나 이들의 도움으로 단기간에 걸쳐 놀라운 문명을 재건했던 이집트는 외계인들이 다시 떠나면서 천천히 퇴보해갔다. 그러고는 지식인들이 그들과의 교류 속에서 남긴 문서와 기록들은 제사장이나 신관들만이 접근할 수 있는 비밀스러운 장소에 수천 개의 파피루스 두루마리로 방치되어 있었을 것이다.

대피라미드의 영광을 정점으로 가속화된 이런 상황은 대략 BC 1300년경까지 이어졌다. 그러던 어느 날, 이집트 궁정에서 자란 한 이민족의 아들이 우연히 그 비밀들을 발견하고는 이집트 바깥으로 갖고 나오게 된다. 이 인물은 이후 그 문명적·역사적·기술적 비밀들을 충분히 활용하여 향후 3,000년간 지구 전체에 엄청난 영향력을 끼치게 될 특정한 세계관의 토대를 만들게 된다.

그의 이름은 모세Moses였다.

오리온자리

기자 피라미드들의 각도가 맞춰져 있는 오리온자리는 겨울철의 대표적 별자리다. 북두칠성, 카시오페이아 등과 함께 밝고 찾기 쉽기 때문에 고대로부터 매우 중요한 별자리로 인식되었다.

가운데 3개의 별을 삼태성이라고 부르는데, 이 별들과 주변을 둘러싼 여러 개의 별로 구성되었고, 왼쪽 위의 붉은 별 베텔기우스는 엄청난 크기를 자랑하는 적색 초거성으로 초신성 폭발을 할 가능성이 높다. 만약 폭발하게 된다면 지구상에서도 여러 달 동안 밝고 신비한 빛을 볼 수 있을 전망이다.

오리온자리.

베텔기우스와 태양계의 크기 비교.

우주의 거성들

베텔기우스는 태양계 전체를 집어삼킬 정도로 큰 별이지만 그보다 큰 별들도
있다. 사진을 통해 우리가 익숙한 행성들과 우리 태양, 그리고 인류가 은하
속에서 발견한 거대한 별들의 크기를 비교해보자.

① Mercury < Mars < Venus < Earth   ② Earth < Neptune < Uranus < Saturn < Jupiter

③ Jupiter < Wolf 359 < Sun < Sirius   ④ Sirius < Pollux < Arcturus < Aldebaran

⑤ Aldebaran < Rigel < Antares < Betelgeuse   ⑥ Betelgeuse < Mu Cephei < VV Cephei A < VY Canis Majoris

수성에서 VY 카니스 마조리스까지의 크기 비교.

09

모세의 정체를 찾아서

모세는 누구인가

모세의 이름과 일대기는 기독교인들은 물론 일반인에게도 잘 알려져 있다. 유대인의 핏줄인 그는 파라오의 유대인 영아 살해를 피해 갓난아이 때 나일강에 버려졌는데, 무슨 운명의 장난인지 파라오의 딸에게 구출되어 이집트 왕국에서 자란 기구한 인물이라고 알려져 있다.

그러다가 젊은 시절을 지나고 중년에 이른 40세가 되어서야 동족들이 학대받는 모습을 보고 이집트인 경비병을 죽이고 탈출해서 유대인들과 함께 살게 되었다는데, 이 부분은 상식적으로 의심 가는 부분이 없지 않으나 여기서는 논의하지 않도록 한다. 이 이야기에서 중요한 건 이 부분이 아니라 모세가 파라오의 궁정에서 자라고 40년간이나 살았다는 점이기 때문이다.

이를 통해 알 수 있는 것은 그가 왕족의 일원이었고 자연스럽게 당시 최고 수준의 교육과 교양을 습득했을 거라는 사실과, 이집트 신관들이 초고대와 외계로부터 전수받은 지식과 비밀을 숨기고 있었다

9-1 아기 모세의 구출.

면 이것들에 접근할 수 있는 극소수의 인물 중 하나였을 거라는 점이다. 그러나 모세가 이집트 왕궁을 떠난 것은 40세 때임에도 막상 유대인들을 이끌고 소위 출애굽Exodus을 한 것은 그보다 또 40년이 지난 80세가 되어서다. 성서에 따르면 그때에 이르러 모세는 호렙Horeb산에서 여호와의 음성을 듣고 유대 민족의 해방을 결행하게 되었다는데, 그 이전 40년 동안의 행적은 베일에 싸여 있다.

그러고는 이때부터 영화 〈십계〉 등에 등장하는 파라오와의 담판과 그 과정에서의 온갖 기적들, 그리고 그 화룡점정으로 홍해를 가르는 초자연적인 능력을 연출해 어렵사리 유대인들을 이집트 땅 밖으로 끌고 나오게 된다. 하지만 이후 그는 수백만 유대인들과 40년 동안이나 시나이Sinai반도의 광야를 헤매게 되고, 막상 본인은 젖과 꿀이 흐르는 가나안 땅에는 들어가지 못하고 120세에 죽고 만다.

여기서 120세라는 비현실적인 연령 문제는 구약성서 기준으로는 많은 것도 아니니 일종의 신화적 요소로 치부하자. 그러나 성서에서의 광막한 이미지와는 달리, 버스로는 6시간 남짓, 천천히 걸어가도 불과 수십 일이면 가로지를 시나이반도를 40년이나 헤매고 다녔다는 것은 이해하기 어려운 일이다. 그리고 막상 도착한 젖과 꿀이 흐른다는 약속의 땅 가나안 또한 현실에서는 그런 묘사와는 거리가 먼, 도리어 척박한 쪽에 가까운 곳이었다.

이제 이런 점들을 전제하고 베일에 감춰진 모세의 삶을 한번 상상해보자.

이집트 왕실에서 왕족처럼 호사스러운 삶을 살던 그는, 근엄하고 성스러우나 기본적으로 무지한 신관들을 통해 왕실에 전해져 내려오는 비밀스러운 지식을 접하게 된다. 그것은 어쩌면 구전과 노래의 형태였을 수도 있고, 혹은 산처럼 쌓여있는 수천 개의 파피루스 더미들이었을지도 모른다. 오랜 세월 이 지식을 간수해온 신관들은 오히려 그것이 가진 진정한 의미를 이해하지 못하고 있었다.

바탕이 똑똑했던 모세는 이 책들을 살펴보고 여기에 그 시대의 것이 아닌 놀라운 지식과 기술, 세계관들이 적혀 있는 것을 알게 된다. 이 엄청난 정보와 지식에 큰 충격을 받은 그는 이때부터 그 모든 내용을 공부하고 기록하고 암기하기 시작했다. 그렇게 하여 20여 년이 지난 마흔 살이 되자 모세는 그 기록들의 대부분을 마스터하는 경지에 이른다.

그러다가 성서의 주장처럼 유대인으로서 태생의 비밀을 알게 됐는지, 아니면 자신은 원래부터 이집트인임에도* 새로운 지식을 통해 파라오의 전제정치를 초월하는 다른 세상을 열어보려 한 건지, 또는 너무도 놀라운 과학기술을 전혀 실현할 수 없게 된 당시의 시대적 한계에 따른 절망 때문인지, 자신에게 부와 안락함을 제공해준 파라오의 궁정을 떠나게 되었다.

그렇게 시골에서 은거하던 모세에게 40년이라는 세월이 흘러갔다. 그러던 어느 날, 오래전 우주전쟁의 생존자들이 갑자기 그를 찾아왔다. 이들이 모세를 찾은 것은 자신들의 지식을 발견하고 습득 후 암중모색 중이던 그의 존재를 알게 되었기 때문일 것이다. 이들과 호렙산에서 한참 이야기를 나눈 모세는 결국 이집트 땅의 유대인들을 모아 탈주를 계획하게 된다. 다만 이미 많은 비밀을 알고 있던 모세인 만큼 자신이 대화를 나눈 상대가 '유일신' 여호와라고 생각하거나 젖과 꿀이 흐르는 땅 운운하는 말을 믿고 무조건 복종하는 식으로 상황이 전개되지는 않았을 것이다.

모세는 왜 굳이 출애굽을 결행한 걸까

그는 개인적 야심 혹은 이상이 큰 인물이었다. 앞서의 이야기를 전제로 한다면 그는 당시 사람들은 상상도 할 수 없는 새로운 지식을

---

* 얀 아스만Jan Assmann 등 일부 학자들은 모세가 유대인이 아닌 이집트 혈통이라고 주장하고 있다.

이미 갖고 있었지만 그것을 실제로 구현할 수 있는 기술과 인프라가
절대적으로 부족한 상태에 놓여 있었을 것이다. 예컨대, 현대의 누군
가가 초광속 여행의 원리를 깨우쳤다 한들 그것을 실현할 기계를 만
들기 위한 재료와 기술 없이는 아무것도 할 수 없는 것과 마찬가지
다. 그것이 아마도 모세의 40년 세월 은거의 이유였을 것이다.

그러나 이제 그것을 소유하고 있는 자들이 모세 앞에 나타난 것
이다. 이에 모세는 스스로를 정점으로 하는 새로운 세상의 건설을 꿈

9-2 모세의 출애굽 상상도.

꿨을지도 모른다. 절대 권력의 파라오가 다스린 이집트를 능가하는, 대재앙 이전의 영광을 재현하는 위대한 문명의 부활을 꿈꿨던 것일까. 이렇게 외계인들과의 모종의 거래를 통해 모세는 그들의 과학기술적인 도움으로 온갖 기적과 조화를 불러일으키고 홍해를 갈라 유대인들과 함께 이집트를 탈출하는 데 성공한다.

하지만 이 지점에서 새로운 문제가 발생했다. 외계인들의 힘을 믿고 수백만 난민을 이끌고 일단 이집트 땅을 벗어난 모세는 3개월 후 시나이산에서 그들과 다시 회합을 갖게 된다. 향후 계획과 권력관계 등을 논의하기 위해서였을 것이다. 그런데 이 회합이 난항이었다.

이런 사실은, 흔히 아는 바와는 달리 여든 살의 모세가 회합을 위해 시나이산을 장장 일곱 번이나 오르내렸다는 점에서 드러난다. 아래는 성서에 묘사된 그 과정이다.

> 1회: 하나님이 이스라엘 백성이 자신과 언약을 맺을 의향이 있는지 타진(출애굽 19:3).
>
> 2회: 모세는 언약의 의향을 전달하고, 하나님은 셋째 날에 자신이 시나이산 위로 강림할 것을 예고하고 이스라엘 백성을 산기슭으로 소집하여 시나이산에 오르지 않도록 경고함(출 19:8).
>
> 3회: 하나님은 이스라엘 백성이 시나이산에 오르지 않을 것을 재차 엄명(출 19:20).
>
> 4회: 하나님, 모세에게 여러 가지 다른 율법을 줌(출 20:21).
>
> 5회: 하나님, 모세에게 성막, 제사장, 제사법 등에 대해 알려주고 돌판 2개에 십계명을 써줌(출 24:13, 40일간 체류).
>
> 6회: 모세, 하나님에게 금송아지 숭배와 관련한 유대인들의 죄를 용서

하도록 간청(출 32:31).

7회: 하나님, 돌판 2개에 십계명 다시 써줌(출 34:4, 40일간 체류).

주목할 만한 부분은 두 번째 회합에서 '하나님'이 스스로의 위용을 일단 유대인들에게 드러내 보이고, 이어 일반 백성들이 시나이산에 오르지 못하게 함으로써 자신과 자신이 선택한 모세의 신성함과 권위를 세워줬다는 사실이다.

여기까지는 대략 일이 잘 풀린 듯하다. 그러나 3회 언저리부터 모세의 리더십에 대한 의문이 생겨난다. 모세와 외계인들의 명령에도 불구하고 개별적으로 시나이산에 오르려는 자들이 생겨나고, 여기에 대해 다시 한 번 단속을 주문해야 했기 때문이다. 그리하여 4회 차에 모세가 산속에서 40일간 체류하는 동안에는 이런 문제와 관련된 논의나 교육이 이루어졌을 가능성이 높다. 바윗덩어리나 다름없는 시나이산의 험준함을 보면 80대의 노인이 지팡이 하나 짚고 올라가서 40일을 연명하는 것은 불가능한 만큼, 이때는 외계인이 만든 장치나 건물에서 기거하고 있었을지도 모른다.

그러고는 신에게서 받은 계명을 가지고 내려오니 지상에서 기다리던 유대인들은 어느새 금송아지를 만들어 섬기고 있었다는 것이 성서의 스토리다. 마치 거대한 죄를 지은 것처럼 묘사되지만, 스스로 신이라고 주장하며 접근하지 말라고 명령하는 정체불명의 존재와 40일 동안이나 연락이 끊어진 채 산에서 내려오지 않는 늙은 수장을 기다리던 자들 사이에 종교적·정치적 논쟁이 벌어지지 않았다면 되레 이상한 일이다.

이런 사실을 알게 된 모세는 십계명이 적힌 돌판을 땅에 집어던 져 깨버렸다고 하는데, 보통 여기까지만 이야기되지만 실은 돌판을 던진 것에 그치지 않고 금송아지를 섬긴 (반대파) 3,000명을 죽여버리 는 대학살을 자행한다. 이것이 가능했다는 사실은 모세가 이 난민 무 리 속에서 가진 종교적·정치적 권위가 절대적이었다는 것과, 또 이 를 지키기 위한 그의 집착, 나아가 성정의 잔인함을 보여준다.

그런 다음 다시 시나이산에 올라 40일을 빌어 돌판을 다시 받아 오는데, 일반 상식과는 달리 이 돌판에는 소위 십계명이 번호 순으로 정리되어 있지 않았다. 출애굽기 20:1~17절은 돌판에 적혀 있던 내 용을 다음과 같이 전하고 있다.

> 너희 하나님은 나 여호와다. 바로 내가 너희를 이집트 땅 종살이하던 집에서 이끌어낸 하나님이다. 너희는 내 앞에서 다른 신을 모시지 못 한다. 너희는 위로 하늘에 있는 것이나 아래로 땅 위에 있는 것이나, 땅 아래 물에 있는 어떤 것이든지 그 모양을 본떠 새긴 우상을 섬기지 못한다. 그 앞에 절하며 섬기지 못한다. 나 여호와 너희의 하나님은 질 투하는 신이다. 나를 싫어하는 자에게는 아비의 죄를 그 후손 삼대에 까지 갚게 한다. 그러나 나를 사랑하여 나의 명령을 지키는 사람에게 는 그 후손 수천 대에 이르기까지 한결같은 사랑을 베푼다. 너희는 너 희 하나님의 이름 여호와를 함부로 부르지 못한다. 여호와는 자기의 이름을 함부로 부르는 자를 죄 없다고 하지 않는다. 안식일을 기억하 여 거룩하게 지켜라. 엿새 동안 힘써 네 모든 생업에 종사하고 이렛날 은 너희 하나님 여호와 앞에서 쉬어라. 그날 너희는 어떤 생업에도 종 사하지 못한다. 너희와 너희 아들딸, 남종 여종뿐 아니라 가축이나 집

안에 머무는 식객이라도 일을 하지 못한다. 여호와께서 엿새 동안 하늘과 땅과 바다와 그 안에 있는 모든 것을 만드시고, 이레째 되는 날 쉬셨기 때문이다. 그래서 여호와께서 안식일에 복을 내리시고 거룩한 날로 삼으신 것이다. 너희는 부모를 공경하여라. 그래야 너희는 너희 하나님 여호와께서 주신 땅에서 오래 살 것이다. 살인하지 못한다. 간음하지 못한다. 도둑질하지 못한다. 이웃에게 불리한 거짓 증언을 못 한다. 네 이웃의 집을 탐내지 못한다. 네 이웃의 아내나 남종이나 여종이나 소나 나귀 할 것 없이 네 이웃의 소유는 무엇이든지 탐내지 못한다.

이상과 같은 내용은 이후 교회에서 10개의 계명으로 정리·분류하게 되는데 그 구체적인 순서와 내용은 개신교와 가톨릭이 좀 다르다. 그 이유는 개신교는 필론Philon*이 구분한 것을, 가톨릭은 성 아우구스티누스St. Augustinus**가 구분한 것을 각각 따르고 있기 때문이다(한국에서는 '하나님', '하느님', '여호와', '야훼' 등 표기도 약간 다른데 이 책에서는 '하나님'과 '여호와'로 통일했다. 종교적 이유는 없다).

여하튼 이 돌판 원문을 보면 수많은 제약과 벌칙 등이 폭압적인 표현들로 수록되어 있고, 복종과 사랑과 숭배가 협박조의 언어로 강요되어 있음을 알 수 있다. 또 '종'을 소유물로 규정하는 등 인간에 대한 관점도 대단히 계급적이고 전근대적이다.

논리적인 점에서도, 앞부분에는 '나 외에 다른 신을 섬기지 말라', '나는 질투하는 신이다'와 같은 표현으로 다른 신이 존재하는 것을 암

---

* BC 20~AD 50. 그리스의 유대인 철학자.
** 354~430. 이탈리아의 신학자.

시하다가 뒤에는 스스로 우주의 모든 것을 창조한 창조주임을 주장하고 있는 등, 내용이나 문장의 앞뒤 관계가 모순적임을 알 수 있다. 신의 문장은 고사하고 발달한 외계인의 문장으로도 격에 맞지 않는다.

그러나 이보다 더 의문스러운 것은, 진보한 외계인들이 굳이 왜 그 시대에 살던 인간들의 수준에나 어울리는 이런 율법과 무조건적 숭배를 강요했을까 하는 점이다. 이런 것이 자신들한테 과연 무슨 이득이 있었을까. 바꾸어 말하자면, 이런 강압적인 윤리적·종교적 규범을 통해 이익을 얻는 자는 누구였을까….

모세와 외계인의 밀월과 결별

성서는 창세기로 시작해서 요한계시록으로 끝을 맺는 66권의 장대한 기록이다. 여러 저자들이 쓴 글들의 조합으로 이루어져 있고 크게 구약 39권과 신약 27권으로 나뉘는데, 그 분기점은 바로 예수의 탄생이다.

기독교 신학의 입장과 무관하게 본다면 구약과 신약은 전혀 다른 철학을 다루고 있는 별개의 책이다. 이 두 다른 철학 중 구약 쪽의 중심이 되는 것이 바로 앞서 말한 돌판의 내용, 즉 배타적 유일 신앙과 엄격한 종교 및 생활 규범의 제시, 그리고 그에 따른 보상과 처벌을 논하는 '율법'이다. 이것이 신약에 이르러서는 예수에 의해 사랑과 소망, 관용과 용서 등의 인간적인 관점으로 무게중심이 바뀌게 된다.

이 구약성서 중에서도 가장 핵심이 되는 것이 바로 창세기, 출애

9-3 구약성서의 모세오경, 토라.

굽기, 레위기, 민수기, 신명기의 첫 다섯 편인데, 이를 토라Tora 혹은
모세오경이라고 한다. 이렇게 부르는 것은 다름 아니라 이 다섯 편의
저자가 바로 모세이기 때문이다.

 이 사실은 모세가 중요한 다섯 개의 경전을 썼다는 기술적 의미
에서 끝나지 않는다. 그 이유는 맨 처음의 창세기와 출애굽기 두 편
안에만 천지창조에서부터 에덴동산에서의 추방, 소돔과 고모라, 노
아의 방주, 아브라함과 이삭, 카인과 아벨, 출애굽 등이 모두 등장하
기 때문이다. 즉, 우주와 인간의 탄생 및 원죄의 발생, 인간의 몰락,
십계명 등 유대교와 기독교 세계관의 뼈대를 이루는 주요 사건과 철
학들이 토라 속에 망라되어 있다. 다시 말해 유대교와 기독교는 물
론, 역시 토라를 기본 경전으로 삼는 이슬람교는 공히 모세라는 야심
적 개인에 의해 창시된 거나 다름없다는 뜻이다.

물론 모세의 원래 목적이 이렇듯 세계적 종교들을 창시해서 수천 년을 존속시키는 것이었다고 생각하기는 어렵다. 당시 그가 현실적으로 필요했던 것은 '반신반인'인 파라오와 이집트의 기존 신들을 대신할 새로운 유일신 여호와의 힘, 그리고 그 대리인으로서의 자신의 권위였다. 이를 통해 그는 이집트의 비밀 지식을 통해 꿈꿔왔던, 자신이 다스리는 새 세상을 열어가려 했을 것이다. 이런 그의 의도와, 대재앙 후 수천 년이 지나 지구에 다시 직접적인 영향을 끼치려 한 외계인들의 욕구가 맞아떨어졌던 것은 아닐까.

　그러나 그 실현 과정에서 다시 상황은 어긋나게 된다. 외계인들이 결국 모세에게 협조를 거부하고 떠나버린 것으로 보이기 때문이다. 그 이유는 모세의 성향이나 능력에 대한 실망과 불신일 수도 있고, 혹은 다른 목적을 위해 그들이 모세를 속여 이용한 것인지도 모른다. 그날로부터 계속되는 모세와 유대인들의 기나긴 방랑은 이런 상황을 통해서만 설명이 가능하다.

　하지만 왜 40년씩이나 돌아다녀야 했을까. 짐작건대 그들이 말한 약속의 땅은 지금의 팔레스타인 주변 가나안 땅이 아니었을 것이다. 물론 '이집트의 강(나일강)에서 유프라테스강 사이'라는 구체적인 지역이 출애굽기에 등장하고 이 땅은 이미 창세기에 아브라함과 그 아들 이삭, 손자인 야곱에게도 약속되었던 바 있다. 그러나 이 내용을 기술한 사람이 바로 모세 자신이라는 점을 감안한다면 어디까지가 사실일지는 의심스러울 수밖에 없다.

　그렇게 보면, 진짜 약속의 땅은 신적인 기술을 보유한 외계인들만이 데려다줄 수 있는 어느 먼 지역, 실제로 기름진 흙과 풍성한 자연을 가진 살기 좋은 곳이었을지도 모른다. 그러나 외계인들과의 공

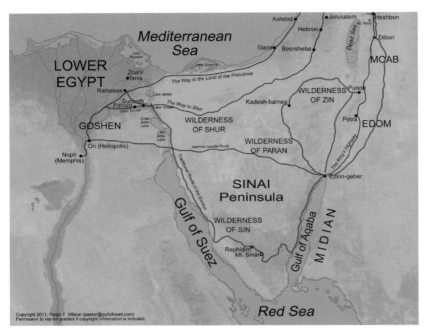

9-4 모세와 유대인의 방랑 궤적. 모세가 이끄는 유대인들은 이 붉은 선을 따라 40년이나 헤맨 끝에 가나안 땅으로 들어갔다.

조가 끊어진 이후 모세에게는 유랑민 집단을 그 땅에 데려갈 수 있는 정보도 힘도 없었던 것이다. 그리고 막상 도착한 가나안에도 약속된 땅이 기다린 것이 아니라 이미 그 지역에 살고 있던 블레셋인 등 원주민들과 목숨을 건 전쟁을 벌여야 했고, 결국은 그곳에서 다시 쫓겨나 2,000년이 지난 20세기 중반에 이르기까지 근거지 없이 떠돌아야 했다.

모세는 바보가 아니었다

그러나 모세는 바보가 아니었다. 외계인과의 공조가 흐트러지고 자신이 이끄는 수백만의 난민에게 약속을 지킬 수 없게 된 것을 알았을 때, 그는 자신의 권위와 권력을 유지하고 향후에 유용하게 써먹기 위한 하나의 도구를 준비하게 된다. 이 도구를 만드는 원리는 이미 파라오의 궁정에서 습득했지만 필요한 것은 재료와 기술이었고, 그것은 외계인들의 힘을 빌릴 수밖에 없었을 것이다.

그는 그것을 두 번째 40일간의 회담 과정에서 얻어냈을 것으로 보인다. 그 이유는 두 번째 돌판을 가지고 산을 내려왔을 때 첫 번째의 경우와는 달리 모세의 얼굴에서 광채가 나서 마주보기가 두려웠다는 기록(출 34:29~30)이 남아 있기 때문이다. 따라서 두 번째 돌판 자체, 혹은 그것과 함께 가지고 온 물건 중 당시의 인간으로서는 얻을 수 없는 모종의 강력한 에너지원이 포함되어 있었을 거라고 상상할 수 있다.

그리고 두 번째로 가져온 돌판에는 첫 번째 계명에 더해 추가적인 내용이 실려 있는데, 그중 특기할 것은 이전과는 달리 "내가 네 앞에서 아모이 사람과 가나안 사람과 헷 사람과 브리스 사람과 히위 사람과 여부스 사람을 쫓아내리니(출 34:11)"라는 부분이 삽입되어 시나이 주변의 구체적인 지명이 갑자기 등장한다는 점이다. 이것은 외계인들과의 협상이 결렬된 후 모세가 현실적 정당성을 부여하기 위해 의도적으로 채워 넣은 것이 아닐까.

이렇게 다시 돌아온 모세는, 창조주 유일신이 손가락으로 직접

새겼다는 성스러운 돌판과 새로이 제작한 모종의 도구를 통해 지도자로서의 권위를 유지하게 된다. 그런데 이것들이 부여한 것은 단지 정치적·정신적 권위만이 아니었다. 이 물건들이 가진 물리적 힘을 통해 모세는 이후 수십 년간 절대적 권력을 유지할 수 있었고, 또한 돌판에서 약속되었듯이 결국은 팔레스타인 지역의 많은 원주민 부족들을 물리치고 이스라엘을 세우게 되니 말이다. 그리고 그 물건이 바로 성서에 등장하는 가장 신비롭고도 성스러운 물건 중 하나인 '성궤'였던 것이다.

21세기인 현대에 '힘'은 많은 형태로 분화되어 있다. 금력, 정치력, 조직력, 정보력 등 다변화된 현대사회에 어울리는 다양한 힘이 여러 형태로 얽혀 사회 속에서 작용하고 있기 때문이다. 그러나 불과 수백 년 전까지만 해도 진정한 의미에서의 힘은 권위와 폭력, 두 가지뿐이었다. 권위는 정신적인 힘이고 폭력은 물리적인 힘이라고 할 수 있는데, 이 둘은 서로 별개인 경우도 있고 면밀히 상호작용 하는 경우도 있었다. 대상을 향한 지배력을 확실하게 발휘하려고 한다면 둘을 모두 보유해야 하며, 이를 확실하게 장악한 자는 안정된 권력과 지위를 유지하며 장기간 남들 위에 군림할 수 있었다.

폭력을 소유하는 방법은 비교적 간단했다. 주먹의 힘에서 시작한 원시적 폭력은 이후 병장기와 격투술, 그리고 군대를 통한 조직적인 군사력, 즉 무력武力으로 발전해갔는데, 이는 주로 리더의 개인적 전투력이나 심리적 리더십에 의해 창출되었다. 그러나 무력으로는 대상을 굴복시킬망정 진심으로 복종하게 만들기는 어렵다. '칼로 일어난 자는 칼로 망한다'라는 격언은 이런 인류사적 현상에 대한 오랜 경험과 관찰 속에서 수립된 것이다.

반면 진정한 권위는 대상이 스스로 머리를 숙이도록 유도한다. 무력 그 자체에서 권위가 생겨나는 경우도 있지만, 진짜 권위를 끌어내는 요인은 고대에서 근세에 이르기까지 언제나 정통성 또는 신성함이었다. 이를 통해 확보된 권위는 자체로서 생명력을 갖게 되고, 일단 수립된 권위를 타인이 무리하게 전복하려는 경우 사회 전반의 강력한 저항에 직면하게 된다.

모세가 만든 그 물건은 바로 이 권위와 무력을 함께 그에게 가져다줬다. 수백만 명으로 이루어진 불안정한 난민 집단을 효과적으로 다스려야 했던 모세는 외계인과의 결별 과정에서 상처받았을지 모를 권위를 유지하고 실질적 무력을 보유하기 위한 수단이 절실히 필요했다. 그리고 외계인의 기술을 빌려 만든 성궤는 결과적으로 대성공을 거두게 된다.

성서에서는 성궤의 외형적 제원을 아래와 같이 묘사하고 있다.

> 조각목으로 궤를 짜되 길이는 두 규빗 반, 너비는 한 규빗 반, 높이는 한 규빗 반이 되게 하고 / 순금으로 그것을 싸되 그 안팎을 싸고 위쪽 가장자리로 돌아가며 금테를 두르고 / 금 고리 넷을 부어 만들어 그 네 발에 달되 이쪽에 두 고리 저쪽에 두 고리를 달며 / 조각목으로 채를 만들어 금으로 싸고 / 그 채를 궤 양쪽 고리에 꿰어서 궤를 메게 하며 / 채를 궤의 고리에 꿴 대로 두고 빼내지 말지며 /
>
> 내가 네게 줄 증거판을 궤 속에 둘지며 / 순금으로 속죄소를 만들되 길이는 두 규빗 반, 너비는 한 규빗 반이 되게 하고 / 금으로 그룹 둘

을 속죄소 두 끝에 쳐서 만들되 / 한 그룹은 이 끝에, 또 한 그룹은 저 끝에 곧 속죄소 두 끝에 속죄소와 한 덩이로 연결할지며 / 그룹들은 그 날개를 높이 펴서 그 날개로 속죄소를 덮으며 그 얼굴을 서로 대하여 속죄소를 향하게 하고 / 속죄소를 궤 위에 얹고 내가 네게 줄 증거판을 궤 속에 넣으라*

9-5 모세의 언약궤.

---

* 출애굽기 10~21장.

이는 모세가 미장이에게 주문한 크기와 구조인데, 성서 특유의 늘어지는 문장 때문에 다소 혼란스럽지만 적어도 모세의 지시가 매우 자세하고 구체적이라는 점은 알 수 있다. 요약하자면 나무로 짠 궤짝에 금도금을 하고, 빠지지 않게 부착한 긴 막대 2개를 고리에 끼워 들고 다니게 하고, 뚜껑 역할을 하는 속죄소 양쪽에 '그룹'의 상(아담과 하와가 낙원에서 추방된 후, 낙원의 문과 생명나무를 경호한 천사)을 붙이는 형태다. 이것을 성서에서는 언약궤, 성궤 등으로 부르는 것이다.

성서의 맥락에서 보자면 십계명 돌판이 유대인의 신인 여호와의 손으로 새겨진 만큼 이 성궤의 구조와 재질 역시 유대 고유문화나 신앙 등과 관련된 형태를 갖는 게 마땅할 것이다. 그러나 이 성궤의 전반적인 형태는 실은 고대 이집트에 무척 흔하던 것으로, 지금도 거의 같은 모양의 상자들이 카이로의 이집트박물관Egyptian Museum에 수백 개나 쌓여 있다. 이는 필자가 취재 여행을 통해 직접 확인한 부분이다. 유대인의 신 여호와의 율법을 담는 언약궤가 왜 이집트 이교도의 디자인을 따라 만들어졌을까. 그 이유는 이 상자가 애초에 유대인이나 여호와와 아무런 관련이 없기 때문이다.

종합해보면 에덴동산, 노아의 방주, 아브라함 이야기 등은 그 지역에서 구전된 이야기거나, 모세가 알던 이집트 비밀 지식의 일부를 비유의 형식으로 담아 기록한 것이다. 특히 노아의 방주 부분은 화성과 행성 Z가 멸망하던 시점에 지구에 밀어닥친 재앙의 이야기다. 모세의 사상과 지식, 기술 등의 기원은 이집트와 초고대 문명으로 이어지는 연장선상에서 온 것이며, 그는 토라를 쓰면서 유대인의 유일신

사상과 팔레스타인 일대의 문화적 전통 및 전승 등을 종합해서 유대교라는 종교를 직접 창시한 것이다.

초고대의 사상과 기술로 만들어진 유대교

그럼 이제 성궤 자체로 돌아오자. 이것이 돌판과 함께 여호와와 모세의 권위를 상징하는 물건이라는 점은 누가 봐도 자명하다. 하지만 무력과는 무슨 관련이 있다는 걸까. 다음은 성서의 표현들이다.

> 아론의 두 아들이 여호와 앞에 나아가다가 죽은 후에 여호와께서 모세에게 말씀하시니라 / 여호와께서 모세에게 이르시되 네 형 아론에게 이르라 성소의 휘장 안 법궤 위 속죄소 앞에 아무 때나 들어오지 말라 그리하여 죽지 않도록 하라 이는 내가 구름 가운데에서 속죄소 위에 나타남이니라 / 아론이 성소에 들어오려면 수송아지를 속죄 제물로 삼고 숫양을 번제물로 삼고 / 거룩한 세마포 속옷을 입으며 세마포 속바지를 몸에 입고 세마포 띠를 띠며 세마포 관을 쓸지니 이것들은 거룩한 옷이라 물로 그의 몸을 씻고 입을 것이며…*

이렇게 모세의 형인 아론의 아들 둘이 성궤가 있는 장막에 함부로 들어갔다가 그만 성궤에 의해 목숨을 잃는 사건이 있었다. 이는 열왕기상과 히브리서, 역대상 등에도 등장하는데, 철제 향로를 들고

---

* 레위기 16장 1~4절.

들어갔다가 그만 변을 당한 것으로도 묘사된다. 인용문에서 "여호와 앞에"라는 표현이 있는 것은 당시 모세를 위시한 유대인들은 성궤와 여호와 신 자체를 동일시했기 때문이다.

이를 계기로, 모세는 여호와의 지시임을 들어 성궤에 의해 화를 당하지 않기 위한 각종 방법을 열거하고 있다. 인용문에서 보면 온통 세마포 일색인 일종의 '안전복'이 등장하는데, 그 재질이 성궤에서 뿜어져 나오는 특정한 방사선이나 독성을 중화시키는 것은 아닌가 생각이 들 정도다.

이와 유사한 기록은 출애굽기 39장에서도 찾을 수 있는데 그곳에서 표현된 의복의 제작 방법이 비현실적일 정도로 복잡하다는 점은 이런 생각을 다시 한 번 뒷받침한다. 한편 철제 향로가 죽음의 매개가 되었다는 점에서는 강력한 전자기장이 관련된 것같이도 보인다.

이렇듯 성궤는 단지 하나님의 말씀을 담아둔 궤짝이 아니라 사람의 목숨을 앗아갈 정도로 위험한 물건이었던 것이다. 이는 음모론자들의 억측이 아닌 철저히 성서의 기록에 따른 것으로 누구나 찾아 확인할 수 있다. 이후 성궤는 다양한 이적을 행하고, 유대인들이 가나안, 즉 팔레스타인 지역 이민족을 쫓아내는 과정에서 실제 전투병기로도 활용된다. 모세오경과 여호수아, 사무엘서 등에 실려 있는 성궤의 이적에 대해 다음과 같이 정리해본다.

1. 성궤를 멘 제사장들의 발이 요단강에 잠기자 요단강의 물이 상류에서 흘러내려 오지 않아 건널 수 있게 됨(홍해를 가르는 것과 유사한 상황).
2. 성궤를 메고 나가 소리를 지르고 나팔을 불자 여리고Jericho 성벽이

무너져 내림.

3. 블레셋에 탈취당한 성궤가 블레셋인이 섬기는 다곤 신전에 놓이자 다곤 상이 쓰러지고, 머리와 두 손이 잘리고 재앙이 생김. 블레셋인이 성궤를 이스라엘로 돌려보내기로 하고 국경 지방인 벧세메스로 보내자 그곳 백성들은 기뻐하며 여호와에게 제사를 드렸으나 궤를 들여다 보는 바람에 '5만여 명'이 사망.

4. 이스라엘 건국 후 다윗 왕이 성궤를 예루살렘으로 옮기려고 함. 수레에 성궤를 싣고 나아가다가 소들이 날뛰었고, 아미나답의 아들 웃사가 성궤를 붙잡았다가 그 자리에서 죽음.

이 외에도 유대 전승에 따르면 성궤는 스스로 공중을 날 뿐 아니라 성궤를 메고 있던 사람들도 같이 이동시켰다고 하고, 유대인들이 광야에서 떠돌 때는 공중에 떠서 사흘 걸리는 거리를 혼자 날아가버렸다고도 한다. 이런 이야기들에서 공통되는 점은 성궤가 일종의 대량살상 무기와 탈것의 역할을 동시에 했다는 것과, 또 아론의 아들들이나 벧세메스, 웃사의 경우에서 보듯 적들뿐 아니라 운반하는 사람들이나 경배하는 이들도 올바른 방법으로 다루지 않으면 죽음으로 몰아넣는 위험천만한 물건이었다는 사실이다.

그래서 스티븐 스필버그가 감독한 해리슨 포드 주연의 영화 〈레이더스The Raiders of the Lost Ark〉의 마지막 장면에서는 성궤의 뚜껑(속죄소)을 함부로 연 나치 독일군들이 내부에서 방사된 강렬한 광선을 맞아 몸이 녹거나 뚫려 죽는 것으로 묘사된다.

비록 성서에서 다소 과장된 부분이 있다 하더라도, 그저 돌판을 넣은 나무 상자에 불과한 물건이 아무 맥락도 없이 이런 구체적 이적을 행하는 것으로 묘사되지는 않았을 것이다. 무기로 사용되거나 날아다녔다는 등의 이야기 중 적어도 일부는 진실에 기초하고 있을 거라는 뜻이다.

성궤가 '분노하고 질투하고 살인하는' 창조주 여호와의 진정한 현신이라는 가능성은 무시하고 봤을 때, 성서의 기록만을 생각해봐도 이 물건이 BC 10세기와는 전혀 어울리지 않는 대단한 테크놀로지를 담고 있었다는 점에는 이론의 여지가 없다. 그리고 그 기술이 모세가 직접 고안했거나 떠도는 유대 난민들이 스스로 발명한 것일 리 없다는 점에서 이집트 이전의 잊힌 문명이나 시나이산에서 모세가 접촉한 존재들과 연관되어 있음은 어렵지 않게 추론할 수 있다.

이 성궤의 권위와 힘이 팔레스타인에서 유대인들이 자리 잡고 나라를 세우는 데 결정적인 역할을 했다는 것과, 주변의 이교도들에 비해 우월한 능력을 과시함으로써 정통성과 우위를 점하게 되었다는 점은 세계 최초의 안정된 유일신 종교인 유대교와 이스라엘의 발전에 지대한 영향을 미친다. 이처럼 모세에 의해 성립된 유대교는 그 자체로서 초고대 지구에 존재했던 외계인의 사상과 기술을 바탕으로 만들어진 것이었다.

그러나 여기에는 의문이 하나 남는다. 과연 그들에게 영향을 미친 이 외계인 종족은, 즉 모세가 호렙산과 시나이산에서 만난 자들은 어느 행성의 후계자들이었을까. 행성 Z일까, 아니면 화성일까.

그 답은 지금까지의 논의 속에 이미 들어 있다. 성궤나 모세의 속성에서 보듯 유대교는 바탕이 대단히 보수적이고 배타적인 종교다.

9-6 새로운 예언자.

이들은 모세의 시대부터 지금까지 선민사상으로 철저히 무장되어 있고, 비록 인종주의적 편견의 희생양이기도 했지만 자신들 스스로도 다른 종족과 차별화되는 우월감을 드러내는 데 주저함이 없었다. 이런 그들의 특성은 나라가 없이 떠도는 와중에도 3,000년간 이어졌는데, 그 바탕이 되는 스스로의 특별함에 대한 확신의 근거는 바로 모세와 성궤로부터 시작된 셈이다. 이런 모습은 아무래도 전쟁의 신, 즉 전체주의적이고 배타적이며 지구와 대립적 관계였던 것으로 추정되는 화성의 면모다.

그러나 모세의 시대 이후 1,000여 년이 지나고 이에 대해 반기를 드는 활동이 바로 유대인 내부에서 생겨나게 된다. 그것은 호전적이고도 배타적인 모세/유대교 문명의 성향에 맞서는 또 다른 문명의 영향하에서 벌어졌다. 이렇게, 대재앙 후 1만 년 가까운 세월이 흐른 후 태양계에 하나밖에 남지 않은 생명의 행성 지구에서는 모성을 잃은 화성과 행성 Z 사이에서 세계관과 철학의 대리전이 펼쳐지게 된다.

그 활동은 새로운 인물에 의해 시작되었다.

원자력 이야기

성서 속 십계명 판의 위험성을 연상시키는, 현재 인류에게 알려진 강력한 에너지원은 원자력이다. 일반 화석 연료와는 비교할 수 없는 적은 양으로 거대한 힘을 낼 수 있지만 방사능의 위험을 안고 있어 주변의 생명체와 생태계에 대단히 위협적이다.

원자력의 원리는 아인슈타인의 특수상대성이론에 기반을 둔다. 아인슈타인은 방정식 $E=MC^2$로, 물질이 원자핵분열을 통해 다른 물질로 바뀔 때 엄청난 양의 에너지를 만들어낸다는 사실을 밝혔다. 자연에서 구할 수 있는 가장 무거운 물질인 우라늄이 주로 사용된다.

질량당 에너지 효율은 굉장해서, 우라늄 단 1그램으로 20조 칼로리, 물 20만 톤을 끓일 수 있는 에너지를 낼 수 있다. 이는 석유 9드럼, 석탄 3톤과 맞먹는 에너지다.

이 원리를 응용해 만드는 원자폭탄은 재래식 TNT 폭약 기준으로 수천 톤에서 수만 톤 이상의 폭발력을 한꺼번에 방출할 수 있다. 또 안정된 연쇄반응을 유도해서 발전에 많이 쓰이고, 항공모함이나 잠수함 등 군용 함정의 연료로도 쓰이고 있다.

미 해군 핵항모 USS 니미츠. 322.8미터의 길이에 6,000명의 승조원을 실은 이 거대 함정은 연료 보급 없이 20년간 운항 가능하다.

핵분열 자체는 고급 물리학이 동원된 기술이지만 이를 통해 실사용이 가능한 힘을 내는 방식은 재래식 발전이나 엔진의 경우와 같다. 예컨대 원자력발전소는 우라늄의 핵분열에서 나온 열로 물을 끓여 만든 증기로 터빈을 회전시켜 전기를 발생시키며, 핵항모나 핵잠수함도 핵분열로 데워진 물을 터빈으로 보내 스크루를 돌려 추진력을 얻는다.

핵 기술 초기인 1950~1960년대에는 방사능에 대한 지식이 부족하고 경각심이 떨어졌기 때문에 대기를 오염시키는 지상 핵실험이 아무렇지도 않게 벌어졌고, 핵실험 광경을 지켜보는 관광코스가 미국 정부에 의해 장려되기도 했다.

이렇듯 위험성이 과소평가된 채 만능 엔진으로 인식되어 민간용 핵비행기나 핵열차마저 고안됐지만 다행히도 실용화되지는 않았다.

효용 가치가 높은 에너지임에 분명하지만 2011년 후쿠시마 원전 사태 등에서 보듯 인간은 물론 지구 생태계 전체에 대한 잠재적 위험이 너무 크기 때문에 퇴출의 목소리가 높고, 상대적으로 안전한 핵융합 기술을 개발하기 위해 많은 노력을 하고 있다.

네바다 사막의 핵실험. 군인은 물론 민간인까지도 보호 장구 없이 관람했다.

10

누가 화성적 세계관에 맞설 것인가

인류 고대사에 화성인이 나타났다

새로운 인물에 대한 이야기는 조금 미뤄두고 다른 쪽으로 먼저 접근해보자. 대재앙 이후 이 세 행성 사이의 관계는 어떻게 흘러갔을까.

일단 대재앙 이전 지구와 가까웠던 쪽은 행성 Z로 추정된다는 점은 앞서 이야기한 바와 같다. 하지만 그렇기에 대재앙 이후에도 인류가 항상 행성 Z의 후예들과만 관계해야 할 이유는 없다. 지구상의 정치 현실도 마찬가지지만 집단 간의 관계는 서로의 이해에 따라 수시로 변하고 이합집산을 반복하게 마련이기 때문이다. 특히 대재앙 같은 거대한 파국으로 기존의 질서가 철저히 파괴되고, 그 후 수천 년 세월이 지난 다음에까지 이전의 동맹 관계가 그대로 이어질 이유는 없다.

모세의 시대 즈음에는 이 외계 행성의 후예들도 이제 지구에 다시 관심을 갖기 시작했을 것이다. 이유는 바로 그들이 가진 한계 때문이다. 달이나 이아페투스가 아무리 크고 잘 만들어진 우주기지라

한들 결국은 인공 건조물이다. 진짜 흙과 돌과 풀과 물로 만들어진 행성의 생명력, 생태계 시스템이나 자정능력을 갖췄을 리는 없고, 긴 세월이 지나 인구가 늘어나고 사회가 다변화되면서 기술 문명은 다시 부흥하지만 가용 자원은 점점 줄어든다. 또 태양 빛이 충만한 표면이 아닌 인공 건조물 내부에서만 살아야 한다는 점은 생물의 자연스러운 서식 조건은 아니다.

이렇게 삭막한 인공 행성에서 생존해가던 그들은 결국 지구에 다시 눈을 돌릴 수밖에 없었다. 옛 고향을 연상케 하는 아름다운 자연과 풍요로움을 갖춘 푸른 행성. 태양계에 단 하나밖에 남지 않은 살아 있는 땅. 이제 그런 지구의 자원을 활용하고 그 속에서의 영향력을 키워가는 것은 한계에 도달해가는 그들 자신의 생존과 직결된 문제였을 것이다.

그렇다면 지구상에 먼저 영향을 준 쪽은 어느 쪽이었을까. 앞에서 모세와 유대교의 성향을 근거로 이집트와 그 모태의 문명에 영향을 준 자들은 화성인이었을 거라고 언급한 바 있다. 그레이엄 핸콕, 로버트 보발, 리처드 호글랜드 등은 화성의 사이도니아 지역에 이집트 기자의 것과 비슷한 피라미드가 있고, 따라서 이집트문명은 화성의 연장선상에 있다는 주장을 펴기도 했다.

하지만 이런 접근들 외에 역사적·문헌적인 증거도 있다. 일단 중요하게 언급되어야 할 사실 하나는, 이집트 수도 카이로Cairo의 아랍어 이름인 알 카히라Al Qahirah의 의미다. 이 단어의 어원은 두 가지로 알려져 있는데, 그중 하나는 '정복의 신'이고 또 하나는 다름 아닌 '화성'이기 때문이다.

물론 카이로는 AD 642년에 아랍인들에 의해 건설된 도시고 그 이름은 그보다도 늦은 969년, 파티마 왕조의 무이즈 칼리프가 붙인 것이기 때문에 고대 이집트인들과 직접 관련되어 있지는 않아 보인다. 고대 이집트문명의 중심지는 카이로가 아닌 남쪽의 테베(룩소르), 아비도스, 누비아 등이었고 말기의 그리스 지배하에서는 지중해 인근의 알렉산드리아로 옮겨 가기도 했다. 카이로 주변에는 4,500년 전부터 서 있던 기자의 피라미드들과 스핑크스 외에는 별다른 유적도 남아 있지 않다.

따라서 무게를 두어야 할 부분은 아랍어에서 카이로, 즉 알 카히라의 어원으로 여겨지는 '정복의 신'을 뜻하는 알 카하르Al Qahhar와 화성을 의미하는 알 카히르Al Qahir, 이 두 단어의 연관성이다. 이 단어들은 실은 같은 어원을 바탕으로 하고 있고, 승리자를 의미하는 'qahir'에서 비롯되었다. 이 사실은, 이해하기 쉽도록 영어를 통해 생각해본다면 승리자, 즉 'victor'에 아랍어의 'the'에 해당하는 'Al'을 붙여 'The Victor'를 만들면 이것이 그대로 화성이라는 의미가 된다는 뜻이다.

사실 저 초고대의 전쟁에서 굳이 승자와 패자를 나눈다면 그나마 모성이 붕괴되지 않고 남아 있는 화성 쪽이 승자에 가까울 것이다. 그리고 모세 때부터 이미 지구상의 일에 관여하고 있었다면 자신들이 영광스러운 이름으로 불리도록 이런저런 영향력을 행사했을지도 모른다. 비록 아랍인이 정복한 이후이긴 하지만 화성을 의미하는 단어가 초고대 문명의 전통을 계승한 이집트의 수도 이름으로 다시 붙게 된 것은, 설사 의도된 바가 아니라고 해도 역사의 필연성을 충분히 담고 있다고 볼 수 있다.

또 한 가지는 로마 역사가 티투스 리비우스Titus Livius의 다음과 같
은 언명이다.

> 로마인들은 그들의 아버지와 로마 제국의 아버지가 다름 아닌 화성(군
> 신)이라고 공언한다(The Roman people profess that their father and the
> father of their empire was none other than Mars).*

리비우스는 BC 59년에 태어나 AD 17년에 죽었으니 공화정 말기
에서 제정 초기를 살았고, 유명한 로마 역사가인 타키투스Tacitus보다
한 세기 정도 이른 시대에 활동한 사람이다. 로마의 전성기를 살아가
던 존경받는 지식인인 그가 아무 이유도 없이 저런 말을 늘어놓을 이
유는 없다. 그리고 이집트-그리스-로마는 직접적으로 연결된 문명
인 만큼 로마의 아버지가 화성이라면 이집트의 아버지도 화성이라고
봐도 무방하다.

물론 이때 'Mars'는 로마 신화 속의 군신軍神이라는 쪽으로 번역하
는 게 더 자연스럽고, 리비우스 자신도 그런 관점이었을 가능성이 크
다. 하지만 이 과정에서 우리는 앞서 카이로의 경우와 마찬가지로,
마르스라는 이름이 왜 화성과 군신을 동시에 뜻하게 되었는지에 대
해 더 실감나게 느낄 수 있는 것이다.

한편 이집트에서는 화성을 죽음의 별이라고도 불렀는데, 이는 죽

---

* 『초기 로마의 역사The Early History of Rome』, 티투스 리비우스.

음을 몰고 온다는 의미가 아닌 '죽은 별'이라는 뜻일 수도 있다. 반면 그리스와 로마에서 화성은 항상 전쟁의 신이었고, 바빌로니아에서는 화성을 네르갈Nergal이라고 불렀는데 이는 전쟁의 왕, 위대한 영웅, 큰 집의 주인이라는 뜻을 가진 단어다. 이렇게 보면 전쟁의 신 마르스는 때로는 불길한 재앙과도 결부되지만, 이를 극복하고 운명에 대적하는 영웅의 이미지를 동시에 갖고 있다는 점을 알 수 있다. 이것은 철저하게 부정적인 '사악함'의 이미지 같은 것과는 다르다.

이런 맥락으로 보면, 역시 고대 이집트에 잊힌 기술과 지식을 전수한 이들은 화성인들이었을 가능성이 크다. 비록 대재앙 이전에 인류와 보다 긴밀하게 관계한 것은 행성 Z였지만 이후 이집트와 고대인에게 적극적으로 접촉하고 모세와 교류했던 것은 화성인이었던 것이다.

그 이유는 무엇이었을까. 그것은 행성 Z인들에 비해 화성인들의 조건이 훨씬 열악했기 때문 아닐까. 거대한 크기의 달을 보유하고 있는 행성 Z인들은 공간적인 여유 등 전반적으로 생활환경이 그리 나쁘지 않았을 것이다. 태양에서 멀지 않아 빛이 충분하기 때문에 필요하다면 달의 내부에 상당히 자연스러운 환경을 조성할 수 있었을지도 모른다. 그러나 화성인들은 춥고 먼 토성 궤도상에 지름이 달의 반도 되지 않는 이아페투스를 가지고 있을 뿐이고, 모성인 화성이 남아 있다고 하지만 초토화된 표면은 회복 불가능할 정도로 거칠기만 했다.

그래서 그들은 먼저 지구에 눈을 돌릴 수밖에 없었을 것이다. 멸망의 충격을 어느 정도 추스르고 일부는 화성으로 돌아가 지하에 기

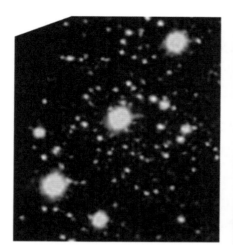

10-1 좌측 위는 오리온자리의 삼태성, 우측 위는 기자 피라미드, 아래는 삼태성과 기자 피라미드를 슈퍼임포즈한 사진. 계산에 따르면 두 위치가 완벽히 일치하는 것은 BC 1만 500년이었다.

지도 건설해가면서 조금씩 물리적으로, 심정적으로 지구에 가까워졌다. 그러고는 스핑크스 등 대재앙 이전의 흔적이 그나마 남아 있던 이집트 지역의 문명 재건에 참여하고, 기술과 건축술을 전수하고, 이어 모세와 교류한다.

하지만 원래 인류는 행성 Z와 깊은 친선 관계를 갖고 있었고 그런 이유로 행성 Z의 무기인 달은 인류의 묵인하에 지구궤도에 떠 있기도 했다. 그런데 이렇게 생각하면 문제가 하나 생긴다. 기자의 세 피라미드의 기초는 전쟁 직전인 BC 1만 500년의 오리온자리 형태에 맞춰져 있으니 이것이 당시 적대국인 화성과 연관되었을 리는 없다. 하지만 피라미드가 최종적으로 완성된 것은 지구에 화성인들이 영향력을 행사하던 대홍수 이후, 쿠푸의 시대인 BC 2500년경이다. 그렇다면 화성인들의 영향과 기술력으로 행성 Z인이 만들어놓은 기단부 위에 피라미드를 완성했다는 뜻이 된다. 이 모순을 어떻게 설명해야 할까.

여기에 대한 답은 하나밖에 없다. 그것은 행성 Z와 화성의 문명이 원래는 서로 구분이 어려울 정도로 흡사한 바탕에서 생겨났다는 것이다. 근본적으로 같은 역사와 세계관을 공유하고 있었던, 한 가지에서 갈라져 나온 문명이 아니라면 이런 유사성은 설명되기 어렵다.

행성 Z와 예수

그럼 그동안 행성 Z인들은 지구에 무관심했던 걸까. 그렇지는 않았다. 모세로 대변되는 경직되고 잔인하고 엄중한 사고방식이 지배하던 지구상에 그와는 상반된 성향을 가진 Z인들이 서서히 개입하기 시작한다. 이런 두 행성의 차이가 애초에 전쟁을 불러일으켰던 원인 중 하나였을 것이다. 그리하여 모세가 퍼뜨린 화성적인 세계관을 극복하기 위해 한 사람이 나타났고, 지난 2,000년 동안 그는 세계에서 가장 유명한 개인으로 존재해왔다.

예수는 인류 역사상 가장 유명한 사람이지만, 실은 모세만큼이나 베일에 가린 삶을 산 인물이다. 10대 중반부터 죽기 3년 전인 서른 살에 이르기까지 그의 행적은 알려진 것이 거의 없고, 일설에 따르면 중동과 인도 지역 등을 다니며 배움을 구했다고 한다.[*] 그 과정에서 그가 경험한 것이 무엇인지는 알 수 없지만 자신이 성장한 유대교의 세계관과는 크게 다른 어떤 것을 갖고 돌아온 것은 분명하다. 경직된 율법으로 묶여 있던 시절에 혁명적이라고도 할 사랑과 용서라는 새로운 개념을 보급하다가 죽음을 맞게 되었기 때문이다.

물론 비슷한 관점을 설파한 사람은 그 이전이나 이후에도 없지 않았다. 그러나 그들과 예수의 차이는 그가 모세의 것을 능가하는 실제적인 '기적'을 갖고 나타났다는 점이다. 다만 그 기적의 성격은 모세의 경우와는 정반대였다. 모세의 힘이 파괴, 전쟁, 죽음과 관련된 것이었다면 예수의 힘은 치유와 부활을 향했기 때문이다.

이토록 다른 모세와 예수의 사상이 향후 기독교라는 이름으로 통

---

[*] 다양한 형태의 연구와 주장이 나와 있으며, 홀거 케르스텐Holger Kersten의 『인도에서의 예수의 생애』가 특히 참고할 만하다.

10-2 외계인 모습의 사제. 외계인들이 지구에 간여하는 방식은 이런 형태가 아닌, 인간과의 제휴를 통한 간접적인 것이다.

합된 것은 예수가 팔레스타인 지역에서 태어나 활동한 관계로, 그가 무슨 주장을 하든 유대교의 전통과 절연할 수 없었기 때문이다.

예수의 입장에서도 아예 낯선 것을 들고 나오는 것보다는 유대교의 연장선상에서 개혁을 꾀하는 것이 이로운 점이 있었을 것이다. 이렇게 모세와 예수는 유대, 나아가 로마, 더 나아가 유럽 전체에 걸쳐 보수와 진보, 우파와 좌파를 상징하는 두 세계관을 기독교라는 하나의 종교 형식 속에서 전하기에 이른다.

하지만 이렇듯 모세와 예수 등을 논함에 있어서 중요한 점은 모세가 화성인이고 예수는 행성 Z인이라거나 그 후예들이 혈연으로 계속 엮어졌다는 뜻은 전혀 아니다. 모세와 예수는 지구인이고 단지 화성과 행성 Z의 가치관과 기술(기적) 등을 전하기 위해 선택된 이들이며, 그 이후 대부분의 사람들은 그런 정보 없이 그저 저 두 갈래의 가치관을 직간접적으로 추종하며 살아왔을 뿐이다.

그렇게 이들은 지구의 사회와 문화에 큰 영향을 미쳤다. 어찌 보면 그 시대 이후 세계는 이 두 사람이 상징하는 가치관들 사이의 투쟁으로 점철되었고 역전과 역전을 거듭해왔는데, 근대 이전은 물론 지금도 보수파(화성)의 근소한 우세로 이어지고 있다. 예수를 종조로 하는 기독교의 경우도 그의 가르침을 망각한 채 화성적인 세계관으로 점철된 보수적 지배주의에 빠지고 말았다.

화성인이 지구에 더 큰 영향력을 발휘한 이유

그렇다면 행성 Z에 비해 화성인이 더 큰 영향력을 발휘해온 이유는 뭘까.

첫째는 그들이 지구에 먼저 개입했기 때문이다. 선민사상選民思想에 근거해서 오랜 세월 지속되어온 유대인들의 생존력과 정치·경제적 영향력은 이미 오래전 모세에 의해 씨가 뿌려진 것이다. 당시 유대 땅은 지구상의 힘없는 작은 지역에 불과했지만, 거기에서부터 발현될 영향력을 화성인들은 이미 꿰뚫어 보고 있었다. 그 근거는 팔레스타인과 중동 일대 지역이 가진 3개 대륙의 교두보로서의 지정학적 중요성이었을 것이다.

그들의 예견은 적중했으며, 그 증거는 실제로 모세와 팔레스타인 땅을 기반으로 유대교, 가톨릭, 이슬람, 개신교가 발흥하여 세계의 대부분 지역에 지대한 영향을 미쳤다는 숨길 수 없는 사실에서 찾을 수 있다. 행성 Z조차도 유대 전통 속의 인물을 대리인으로 내보내지 않을 수 없을 정도로, 당시 팔레스타인 땅과 모세의 사상이 가진 가능성과 잠재력은 거대했던 것이다.

둘째는 화성인들이 두려움을 활용하기 때문이다. 전쟁의 신으로서 화성의 카리스마와 공포는 오랜 세월 이집트, 팔레스타인, 그리스, 로마 등 지중해 연안을 떨게 했다. 출애굽과 가나안 탈취의 성서 일화에서 보듯 화성인의 정신적 후예들은 목적 달성을 위해 수단과 방법을 가리지 않는 폭력적인 모습을 보인다. 화성인이 가진 그런 이미지는 H. G. 웰스의 고전적 SF『우주 전쟁』에 이르는 현대에까지도 고스란히 남아 있다.

셋째는 화성인들의 사상이 인간 본연의 욕망에 충실한 것이기 때문이다. 그들은 힘을 숭상하며, 힘이 곧 법이라고 주장한다. 이집트 파라오 왕조와 구약성서의 율법과 언명에서 이런 사실을 쉽게 확인할 수 있다. 힘 있는 자가 지배하는 세상이 그들에게는 당연한 것이며, 권력의 추구와 유지, 약자에 대한 억압은 존재의 필연이다. 그래서 그들이 세운 윤리와 명을 어긴 자에게는 잔인한 징벌이 따른다.

놀라운 것은 이런 사상이, 거기에 저항해야 마땅할 피지배계급까지도 세뇌시킬 정도로 파급력과 힘이 있다는 것이다. 범지구적으로 여기에 대항하는 사상이 굵은 흐름으로 형성된 것은 근대 이후였고, 현대 자본주의 역시 피지배계급에게 헛된 환상을 주입하며 유사한 지배 시스템을 유지하고 있기도 하다.

석공 조합, 프리메이슨의 역사

그렇다면 이처럼 오랫동안 인류 문명의 주류를 차지했던 화성인의 사상에 행성 Z는 어떻게 대항했을까. 바로 비밀결사를 통해서다.

18세기에 유럽 사회의 전면에 등장한 프리메이슨Freemason은 원래 스코틀랜드에 기반을 둔 석공들의 조합이었다. 그러나 일개 석공 조합이 런던에 그랜드 롯지Grand Lodge를 개설한 지 불과 20년 만에 유럽 전역에 126개의 지부를 거느린 거대 조직으로 성장하고 수많은 명망

가들을 회원으로 가입시켰다.* 18세기 초는 아직도 기독교의 영향력이 막강하던 때인데 종교와 무관하게 가입이 가능하고 이교도의 냄새마저 진하게 풍기는 이 단체는 한 번도 심한 박해를 받아본 적 없이 오늘날까지 승승장구하고 있다.

프리메이슨의 바탕은 중세 초에 활약했던 성당기사단Knights Templar이다. 십자군의 일원으로 예루살렘에 100년 가까이 주둔해 있던 그들은 순례자들에게 돈을 빌려주며 막대한 이익을 챙겼고, 한때 전 유럽에서 가장 큰 기독교 조직으로 발전하기에 이른다.

그런데 그들이 한 세기 동안 예루살렘에서 주로 한 일은 솔로몬 성전 자리를 파헤쳐 기독교 유물들을 찾는 것이었다. 이 솔로몬 성전에 있어야 했던 가장 중요한 유물은 바로 모세의 성궤다. 솔로몬 성전 자체가 성궤를 안치하기 위해 지어진 것이기 때문이다.

하지만 성당기사단이 실제로 성궤를 발견한 것 같지는 않다. 그랬다면 그 자체로 기독교 문명을 뒤흔드는 일대 사건이 되었을 것이기 때문이다. 일부 연구가들**은 성궤는 이미 솔로몬 왕 시기에 시바 여왕의 땅 에티오피아로 빼돌려진 것으로 추론하고 있는데, 적어도

---

* 그렇게 가입한 회원들 중에는 바흐, 모차르트, 괴테, 나폴레옹, 볼테르 등이 포함된다. 그 외 다음과 같은 유명인들이 프리메이슨 회원으로 알려져 있다. 베토벤, 하이든, 리스트, 시벨리우스, 키플링, 코난 도일, 마크 트웨인, 오스카 와일드, 푸시킨, 실러, 에펠(에펠탑 설계자), 헨리 포드, 극지탐험가 피어리와 스콧, 재즈 피아니스트 오스카 피터슨, 카운트 베이시, 듀크 엘링턴, 냇 킹 콜, 맥아더, 존 글렌, 후디니, 조지 워싱턴과 루스벨트, 트루먼을 포함한 18명의 미국 대통령, 5명의 영국 왕과 윈스턴 처칠을 포함한 6명의 영국 수상, 아놀드 파머 등.

** 그레이엄 핸콕, 『신의 암호』 참조.

10-3 프리메이슨의 문장.

성당기사단이 점령한 12세기경에 예루살렘에 성궤가 없었던 것은 분명하다.

그러나 이 탐사 과정에서 성당기사단이 고대로부터의 다른 유물과 기록 등 비밀스러운 것들을 찾아냈을 가능성은 높다. 물론 여기에 무엇이 있었다 한들 유대교, 즉 모세와 구약시대의 것들이었고 예수와는 깊은 관계가 없다. 그러나 100년이라는 긴 시간 동안 그것들을 들여다보고 해석하면서, 또 예루살렘과 비교적 가까운 중동과 인도 등의 영향으로 이슬람, 불교, 힌두교 등 동방의 다양한 종교와 접하면서 조금씩 새로운 사상을 키워나가게 되었을 것이다.

그럼 여기에서 성당기사단의 배경을 좀 살펴보자. 이들이 예루살렘에 가서 성궤를 찾으려 들고 동양과 접목된 독특한 세계관을 키워나간 것이 단지 우연으로 보이지는 않기 때문이다.

여덟 명의 프랑스 귀족 청년들에 의해 결성된 성당기사단은 당대

10-4 솔로몬 성전의 복원 모형.

10-5 알 악사Al Aqsa 모스크. 성당기사단의 본거지였던 이곳은 솔로몬 성전이 붕괴된 후 그 자리에 세운 것으로, 지금은 이슬람 사원이 되어 있다. 사람들은 이곳의 지하에 많은 유물들이 숨겨져 있다고 믿어왔다.

기독교 사회의 영향력 있는 인물이었던 성 베르나르두스St. Bernardus의 전폭적인 지원을 받는다. 성당기사단이나 병원기사단, 튜튼기사단처럼 십자군에 종군한 기사단은 일종의 수도회였고, 따라서 소속 기사들은 전사이자 동시에 수도사라는 묘한 입장에 놓이게 된다. 이런 성당기사단을 교황청 산하의 공식 수도회로서 인정받도록 힘을 쓴 이가 바로 베르나르두스다. 그런데 이 인물의 배경을 살펴보면 흥미로운 사실을 발견하게 된다. 이 양반이 사실상 중세 신비주의 기독교의 태두 중 한 명이라는 점이다.

중세 기독교는 헬레니즘(즉, 그리스 계통 문화)과 헤브라이즘(즉, 유대 문화)의 통합물이다. 그러나 시대와 지역, 분파에 따라 그 사조는 조금씩 다르게 마련인데, 토마스 아퀴나스를 필두로 하는 그리스적 이성을 중요시하는 스콜라 계열과 신과의 직접적인 교우를 우선시하는 수도회 계열로 크게 나누어볼 수 있다. 불교에 교리 공부를 중요시하는 교종과 참선에 의한 깨달음을 추구하는 선종이 있는 것과 유사하다고도 할 수 있다. 그중 4세기 로마 말기 아우구스티누스 사상의 영향을 강하게 받은 신비주의 계통은 신을 직시하고 신과 영적으로 합일됨을 추구한다. 이런 관점은 '공부'보다는 묵상과 기도를 통한 수도와 깨달음의 방향인 만큼, 이성과 논리를 중시한 그리스보다는 동쪽, 즉 팔레스타인이나 중앙아시아, 나아가 인도의 사상과 더 가깝다. 그리고 이런 신비주의적 기독교를 발전시키는 데 일익을 담당한 사람이 바로 시토회 수도원의 중흥자이기도 한 베르나르두스인 것이다.

이런 이유로 인해 성당기사단의 사상에도 베르나르두스의 입김이 크게 작용했음은 두말할 나위 없다. 이런 성당기사단에게 있어서 모세의 시대에 신의 손이 직접 닿았다고 여겨지는 성궤나 십계명판, 혹은 예수의 피를 담은 성배 같은 것들의 중요성은 일반적인 의미보다 더욱 커진다. 이는 성물을 통한 하나님과의 직접적인 교류가 신비주의 사상과 부합되기 때문이다.

이들이 솔로몬 성전 터에 천막을 짓고 수십 년간 생활하면서 발굴 작업을 했다는 것은 앞에서 말한 바와 같다. 그러나 의도했든 아니든 이들의 활동은 솔로몬 왕의 보물을 탐사하는 데서 끝난 것은 아니었을 것이다. 십자군 원정은 유럽의 민간 군대와 기사단이 알렉산드로스 대왕이나 로마 시대 이후 아시아, 즉 동방으로 진출한 최초의 사건이다. 특히 이 경우가 과거의 원정과 달랐던 것은, 철학적이었던 그리스인들이나 현실적이었던 로마인들과 달리 그 주인공이 종교적 열정에 흠뻑 빠져 있는 중세의 기독교인들이었다는 점이다. 신비주의의 영향을 받은 성당기사단원들이라면 과거에는 그저 지나쳐버렸던 동방의 종교적 면면들을 새로운 관점으로 들여다보았을 것임에 분명하다.

굳이 신비주의 관련된 부분이 아니더라도 이슬람 계통의 아라비아 철학과 기독교는 공히 고대 그리스 철학과 유대교의 지대한 영향을 받은 바 있다. 따라서 서로에 대한 감정과는 무관하게 실은 비슷한 사상을 공유할 수밖에 없고, 막상 칼을 맞대고 있지만 한편으로는 다양한 지적 교류가 있을 수밖에 없다. 그 예로 13세기경 스콜라 철학의 전성기를 맞게 한 아리스토텔레스의 자연철학은 십자군 원정 등을 통해 아랍권에서 유럽으로 역수입된 것이다.

이런 분위기 속에서라면 이들이 예루살렘과 그 언저리에서 쉽게 접할 수 있는 동양의 신비주의적 사상, 예컨대 유대교의 비법인 카발라, 이후 시아파의 수피즘으로 발전되는 이슬람교 신비주의, 우파니샤드로 대표되는 힌두철학과 불교 등에서 자신들의 방법론과 유사한 점들을 발견했을 가능성이 높다. 이는 계율 위주의 모세/화성적 세계관과는 분명히 다른 방향이며, 성당기사단의 사고방식과 세계관에 많은 영향을 줬을 것이다.

앞서 언급한 것처럼 예수가 주창한 가치들은 애초부터 동방의 영향을 받았을 가능성이 크다. 그러나 세월이 지나면서 그를 추종하는 중세의 가톨릭은 다시 예수 이전의 유대교처럼 모세적 경직성으로 되돌아가 있었다. 여기에 비밀스럽게나마 종교적 다원주의를 가미하고 신비주의적 색채를 통해 당시 기준으로의 진보적인 면모를 도입한 것이 성당기사단이었다. 이는 곧 행성 Z의 영향력이기도 하며, 베르나르두스는 바로 그 사도였을지도 모른다.

예루살렘이 이슬람제국의 술탄Sultan 살라딘Saladin에 의해 함락된 후 유럽으로 돌아온 성당기사단은 염소머리의 신 바포메트Baphomet를 섬기게 되는데, 이 이름은 원래 12세기 유럽의 시詩에서 마호메트Mahomet를 잘못 표기한 것에서 시작되었다고도 한다. 그러던 것이 성당기사단에 의해서 새로운 형태의 신으로 자리매김하게 된 것이다.

바포메트는 이후 유럽에서 악마와 동일한 존재로 여겨지게 되고, 다음의 그림과 유사한 그림들이 악마 숭배의 상징으로 회자되었다. 그러나 선입견을 버리고 보면 이 형상은 여러 가지 의미를 담고 있다는 점을 알 수 있다.

일단 바포메트라는 이름은 이슬람교의 영향에서 온 것이 분명해

보인다. 그러나 천상의 상징인 별을 이마에 붙이고 천사의 날개를 갖고 있으며, 앉은 자세와 손의 위치, 가슴 등에서는 불교와 힌두교 등 인도 계통 종교의 영향이 드러난다. 가장 이질적인 염소 머리는 다양한 종교에서 공통적으로 사용된 희생 제물로서의 염소를 의미한다고 볼 수 있다. 이렇게 생각하면 일견 섬뜩해 보이기도 하는 이 그림은 실은 다양한 종교의 통합을 상징하는 것이다. 또 바포메트의 그림에는 달이 같이 등장하는 경우가 많은데 아래 그림에서는 왼쪽 위와 오른쪽 아래에 두 가지 형태의 반달이 그려져 있다. 달은 물론 행성 Z와 관련되어 있다.

이렇듯 성당기사단은 100년간의 예루살렘 진주 기간 동안 중세

10-6 바포메트.

기독교 도그마dogma의 한계를 절감하게 되었고, 잊힌 우주적 기억과 초고대 문명에 대한 지식, 이슬람과 인도 등 다양한 문화를 종합하여 자신들만의 새로운 사상을 엮어내게 되었다. 그럼으로써 모세적 문화가 지배하고 있는 중세 기독교 세계를 변화시키려 했을 것이다.

14세기 초 프랑스의 왕 필리프 4세Philippe IV가 교황 클레멘트 5세 Clement V의 묵인하에 유럽 전역에서 성당기사단을 일시에 검거하고 고문과 화형으로 전멸에 이르게 한 것은 바로 이 맥락과 관련이 있다. 체포와 탄압에 동원된 주된 명분은 '이단, 배교 행위'로서 당시 기독교 유럽에서는 치명적인 중죄였다. 구체적인 죄목 속에는 악마 바포메트를 우상으로 숭배한 죄, 십자가에 침을 뱉고 동료 기사의 항문에 키스를 하는 입회식 등의 섬뜩하고도 불편한 내용들이 포함된다.

그 결과 유럽 전역에서 수천 명에 달하는 성당기사단원들이 모진 고문에 시달리게 되었고 기사단의 평판은 땅에 떨어졌다. 단장이었던 자크 드 몰레Jacques de Molay는 오랜 수감 생활을 겪은 후 화형에 처해지고, 탄압이 시작되고 6년 후 기사단은 공식적으로 해체되었다.

그러나 이렇게 거대한 파문을 일으키며 해체되었지만 성당기사단은 쉽게 사라지지 않았다. 현실적으로 이렇게 거대한 집단을 한꺼번에 말살시키는 것은 불가능에 가까운 만큼, 탄압을 피해 살아남은 상당수의 잔존 기사들이 있었던 것이다. 특히 바티칸의 힘이 미치기 힘들었던 유럽 최북단의 스코틀랜드와 최서단의 포르투갈은 이들에게 좋은 피신처였다. 포르투갈로 피신한 기사들은 이후 조직을 재정비하고, 그리스도기사단이라는 명칭으로 부활하여 교황청의 재가까지 받고 활발하게 활동한다.

그리고 스코틀랜드로 도피한 기사들은 '석공'으로 변신해 비밀스럽게 조직을 유지했다. 십자군과 석공은 일견 아무 상관도 없어 보이지만 실은 밀접한 관련이 있었다. 고딕 건축 양식을 창안해낸 사람들이 바로 다름 아닌 성당기사단원들이었기 때문이다. 유럽에 높은 첨탑을 특징으로 하는 고딕 건축 양식이 출현한 것은 다소 갑작스러운 일로 여겨지는데, 그 이유는 고딕 양식의 정교하고도 선진적인 기법이 유럽 문명에서는 그 바탕이나 유래를 찾아보기 힘든 것으로 마치 하늘에서 떨어진 것 같았기 때문이다.

프리메이슨이 근대를 개발했다

성당기사단원은 예루살렘에서 100년간 활동하는 동안 각종 기록 등을 통해 돌 세공 기술 및 석조 건축 기술을 배워서 유럽에 도입하게 되었을 것이고, 최초의 본격 고딕 건축물로 알려진 성 사르트르 대성당은 바로 이런 활동의 결과물로 생각된다. 특히 초고대 문명의 가장 큰 특징이 돌을 다루는 기술이었다는 점을 감안한다면 이는 단순한 연관성의 차원을 넘어 필연적인 모습이다. 이런 만큼 '석공'은 기반을 상실한 성당기사단원들에게는 암중모색을 위해 명분과 실질 양면에서 부족함이 없는 자원이 됐을 것이다.

이렇게 스코틀랜드로 숨어든 이들은 실제 석공으로 수백 년간 살면서 생활을 영위했다. 그러던 것이 성당기사단 몰락 후 약 400년이 지난 1717년, 영국 각지에 흩어져 있던 지부들을 규합하여 런던에 그랜드 롯지를 세우면서 그 이름과 존재를 알리게 된다. 그 후 불과 수십 년 만에 유럽 각지의 유명 인사들을 영입하면서 그 면모는 일신되고 세勢 또한 강대해졌다.

원래의 프리메이슨이 석공 조합이라고 하지만 그랜드 롯지가 창설되기 이전부터 그저 돌을 만지는 직업인들의 모임은 아니었다. 이미 17세기 이전부터 스코틀랜드 프리메이슨은 'Operative Mason'과 'Speculative Mason'의 두 가지로 나뉘어 있었다. 전자는 실제 돌을 다루는 석공으로서 석공 노동조합의 일원으로 활동한 경우였고, 후자는 소위 '사변적 석공'으로 프리메이슨의 정신적인 리더 역할을 한 사람들이다. 이들 사변적 석공이 바로 성당기사단의 철학을 구체적으로 이어온 사람들임에는 두말할 나위 없다.

르네상스와 프랑스 혁명, 미국 건국 등 근대의 발흥을 이끌어낸 세력인 프리메이슨은 이 같은 정치·사회·문화적 변화를 통해 자신들이 드러내놓고 활동할 수 있는 시대적 상황을 스스로 창조해냈다.

프리메이슨은 초월자의 인정을 그 가입조건으로 한다는 데서 분명히 종교적 성향을 갖고 있지만 명백히 비기독교적이다. 프리메이슨의 모태는 분명 성당기사단의 잔존 세력이나 그 언저리와 관련이 있지만, 이미 성당기사단 때부터 이들은 기독교의 테두리에 머물기에는 너무 많은 외부 개념을 받아들이고 있었다.

그러나 중세라는 시대는 어떤 경우에도 비기독교를 표방하는 대형 종교적 단체가 존재하기에 적합한 때가 아니었다. 따라서 유사 기독교 단체의 외형을 취하거나 석공 조합 등 엉뚱한 모양새를 하고 있을 수밖에 없었던 것이다. 게다가 성당기사단의 비참한 최후에서 교훈을 얻은 이들은 이후 수백 년간 감히 큰 조직으로 발전할 엄두는

내지 못했을 것이다.

그런데 세상이 바뀌기 시작했다. 15세기, 16세기 르네상스를 지나면서 중세 기독교의 파워는 상당히 약화되었고 종교개혁과 계몽사상 등으로 교황권과 왕권이 동시에 흔들렸다. 과학 및 수학, 기술의 발전과 기독교 교리에 크게 구애받지 않는 각종 철학이 등장하면서 지식인들은 점차적으로 기독교에서 이탈하는 기미를 보였다. 한마디로 도그마가 무너지기 시작한 것이다. 시대를 지배하던 도그마의 붕괴는 곧 사회 전반의 '헤쳐모여'를 의미한다.

그래서 프리메이슨이 런던에 등장한 18세기 초 유럽에 새로운 변화가 나타났다.

1. 루이 14세로 대변되는 유럽의 절대왕정이 약화되며 계몽주의가 퍼져나감.
2. 기독교 철학을 대신하는 관념론, 경험론 등 근대 철학이 대두됨.
3. 증기기관과 산업혁명이 시작되며 자본주의의 기틀이 마련됨.
4. 음악 및 문화의 전성시기.
5. 화학, 수학 등 근대 과학이 발전함.
6. 미국의 건국과 프랑스 대혁명 등 정치 사회의 급격한 변화가 나타남.

이런 시대상에 적극 부응했든 막후에서 창조해냈든 근대가 프리메이슨의 작품인 것은 분명하다. 특히 1789년에 있었던 프랑스 대혁명은 프리메이슨의 사상을 그대로 반영한 것으로, 매우 많은 영역에서 구체적인 영향력을 행사한 것으로 보는 견해가 많다. 프랑스 혁명의 정신적 스승이었던 몽테스키외, 루소 등의 계몽 철학자들도 대부분 프리메이슨 회원이었던 것으로 알려져 있다.

심지어 프랑스 혁명 후 공포정치의 주인공인 로베스피에르와 자코뱅당 또한 프리메이슨과 깊은 관련이 있었고, 로베스피에르는 실제로 프리메이슨적 색채가 농후한 '초월적 존재를 위한 페스티벌'이라는 거대한 비기독교적 행사를 개최하기도 했다. 이렇게 보면 유럽의 근대가 프리메이슨의 작품이라는 것이 전혀 허황된 이야기가 아닌 것이다.

그러나 프리메이슨의 야심은 유럽의 근대화에서 멈추지 않는다. 유럽에서 막대한 인원과 조직, 자금력, 영향력을 행사하게 된 이들은 동시에 대서양 건너에서 펼쳐지는 상황에 지대한 관심을 가졌다. 그 옛날 모세가 그랬듯이, 고루한 중세 유럽을 넘어선 새로운 세계의 건설에 대한 강한 열망을 품고 있던 이들에게 있어서 끝을 알 수 없는 저 거대한 신천지는 강한 유혹일 수밖에 없었기 때문이다. 이런 이유에서 이들은 이미 100년 전부터 동료들을 그 먼 곳에까지 보내며 지속적으로 관여했던 것이다.

그들에게 유럽은 너무 늙었고, 새롭게 시작하기에는 모든 것이 너무 고착되어 있었다. 가톨릭과 교황청의 영향력도, 비록 쇠퇴했다지만, 여러 가지 면에서 무시할 수 없을 정도로 강하다. 대중들 역시 1,000년이 넘는 가톨릭의 도그마에 철저히 젖어 있다. 그러나 대서양 건너 아메리카 대륙에서라면 모든 것을 뜻에 맞게 새로이 건설할 수 있을지도 모른다. 성당기사단은 물론, 그보다 훨씬 오래전부터 내려오던 고대의 꿈을, 어쩌면 그 옛날 황금시대의 기억을 현실에서 다시 재현할 수 있을지도 모를 일이다.

우리가 아는 미국은, 17세기 초 탄압받던 개신교도들이 메이플라워호를 타고 대서양을 건너 만든 영국의 식민지를 모태로 18세기 영국과의 독립전쟁을 통해 세워진 나라로서, 프로테스탄티즘, 즉 개신교가 정신적 바탕이다. 물론 현재는 수많은 인종과 지구상의 거의 모든 종교가 어우러진 사회로서 아무도 미국을 '기독교 국가'라고 말하지는 않지만, 사회 지도층과 백인 중산층에 대한 개신교의 영향력은 여전히 지대하다. 가톨릭 신자였던 존 F. 케네디 등 극소수를 제외한 대부분의 미국 대통령들이 개신교 신자라는 사실만 봐도 이를 확인할 수 있다.

미국의 국기에 대한 맹세라고 할 'Pledge of Allegiance'에 "one nation under God"이라는 표현이 삽입된 점에서 이러한 종교적 성향은 명백히 드러난다. 우리나라의 애국가에도 "하느님이 보우하사"라는 표현이 있지만 이때는 하늘, 운명 정도의 의미로 구체적인 종교 색채는 없다. 그러나 기독교인들이 세운 국가인 미국에서 'God'의 무게는 우리와는 전혀 다르고, 이는 아직도 분명히 유지되고 있다.

그런데 미국의 1달러 지폐에는 놀랍게도 이집트의 피라미드가 그려져 있다. 이 피라미드 그림은 1달러 지폐를 위해 도안된 것이 아니라, 뒷면 오른쪽에 있는 독수리 그림과 함께 미국을 상징하는 'The Great Seal', 즉 나라의 문장의 양면 중 하나다. 1782년에 확정된 이 실seal은 이후 다양한 용도로 사용되었으며 1달러 지폐에도 이처럼 큰 자리를 차지하고 인쇄되어 있는 것이다.

의아한 점은 이 피라미드가 어떻게 미국을 상징할 수 있는가 하는 점이다. 이 피라미드 문양은 기독교와는 아무 관련도 없는, 전적으로

10-7 1달러 지폐에 그려진 마스터 프리메이슨 워싱턴과 뒷면의 피라미드.

고대 이교도의 것이다. 게다가 피라미드 꼭대기의 커다란 눈은 고대 이집트의 신이자 오시리스와 이시스의 아들인 호루스의 눈, 전시안All Seeing Eye을 사실적으로 바꾼 것이다. 이런 문양이 청교도 미국의 공식 문장이 될 수 있다는 것은 상식적으로 납득하기 어려운 일이다.

그래서 우리는 이 그림만으로도 한 가지 결론에 도달할 수 있다. 아마도 미국의 건국에는 개신교 외에도 무엇인가 다른 비기독교적 사상이나 세계관이 개입되었을 거라는 점이다. 그리고 그 사상은 건국 시점부터 시작해서 지금에 이르기까지 일관되게 유지·발전되고 있을 거라는 사실이다.

10-8 조지 워싱턴 기념탑. 1885년에 완성된 높이 170미터, 무게 9만 854톤의 이 탑은 당시로서는 상상을 초월하는 규모의 건축물이었다. 이런 이집트 오벨리스크의 형태가 어째서 워싱턴 기념탑이 되어야 하는지는 프리메이슨과 고대의 커넥션이 아니면 이해될 수 없다.

게다가 '미국의 정신'이라는 초대 대통령 워싱턴이 최고위급 마스터 프리메이슨이었다는 사실은 이미 이때부터 잘 알려져 있었다. 이런 정황을 통해 미국 건국에 프로테스탄티즘 외에 프리메이슨의 사상이 자리 잡고 있었다는 것은 충분히 입증된다. 역시 건국의 산파이자 번개의 정체를 알아낸 실험으로도 유명한 동시대의 벤저민 프랭클린 역시 공인된 프리메이슨이었다.

그뿐 아니다. 43명의 역대 미국 대통령 중 최소 10여 명이 공개적으로 프리메이슨에 가입된 인물이었다. 그중에는 루스벨트와 트루먼 등 대공황과 제2차 세계대전 등 현대 미국의 운명을 결정짓던 시점에서의 대통령들도 포함된다. 링컨과 레이건, 부시는 프리메이슨의 정식 멤버가 아니었지만 여러 가지로 관련된 각종 활동들의 기록이 많이 남아 있다. 대통령들이 이러할진대, 미국의 각종 정책의 향방을 관여하는 상류층, 고위직의 인물들 중 얼마나 많은 프리메이슨이 활동하고 있을지는 짐작하기도 어렵다.

이렇게 화성과 행성 Z는 지구상에서 자신들의 정치적·사상적 영향력을 키우기 위해 움직여왔다. 그렇다면 그들이 이토록 지구에 집착하는 이유는 뭘까. 아니, 애당초 지구와 화성, 행성 Z는 어떤 관계였을까.

수만 년 전 태양계에 존재했던 거대한 제국, 그 정체는 과연 무엇인가.

암석과 콘크리트를 사용한 건축의 차이

암석은 흔하고 채굴이 쉽지만 무거워 운반이 힘들 뿐 아니라 가공하기 어려운 건축 소재다. 그래서 현대에는 천연 암석을 건물의 주 구조에 직접 사용한 건축물은 찾아보기 어렵다.

암석 절삭을 위한 기계 장비가 없던 고대에는 바위 틈새에 나무 쐐기를 박고 물에 적셔 그 팽창하는 힘으로 암석을 잘랐다. 그러나 비교적 무른 석회암 등의 퇴적암과 달리, 화강암 등 단단한 바윗덩어리에 청동기로 흠집을 내고 나무 쐐기를 박아 넣어 쪼개는 것은 사실상 불가능하다. 피라미드 같은 정교한 건물을 만들기 위해 수백만 개의 바위를 원하는 크기로 잘라내는 것은 단지 노동력 차원의 문제는 아니다.

가공된 바위는 건물로 쌓기 위해 들어 올려야 하는데, 이를 위해 도르래가 사용된다. 현대에는 엔진의 힘을 사용하지만 피라미드의 시대는 물론 화석연료의 사용이 보편화되기 전까지는 인력과 몸무게를 동원해야 했다.
도르래의 원리에는 크게 고정형과 움직형의 두 가지 종류가 있는데, 이들을 혼합한 복합형 도르래를 통해 들어 올리는 데 소요되는 힘의 크기를 많이 줄일 수 있다.

공사현장에서 사용되는 현대의 복합 도르래(왼쪽)와 수원 화성 공사에 사용된 거중기(오른쪽).

1792년 수원 화성을 쌓는 데 사용된 정약용의 복합 도르래인 '거중기'는 실제 무게의 8분의 1의 힘만을 사용하도록 설계되어 있다. 『화성성역의궤』의 기록에 따르면 최대 7.2톤의 돌을 30명의 인부가 들어 올릴 수 있었다고 하니 당시로서는 상당히 높은 효율이라고 하겠다.*

반면, 현대의 건축에는 대부분 철근 콘크리트를 사용한다. 콘크리트는 석회석과 점토를 주원료로 가공한 시멘트에 모래, 자갈 등 골재를 섞어 물로 갠 혼합물인데, 철근 콘크리트는 여기에 긴 철근을 넣어 부족한 인장력**을 보강한 것이다. 이 철근 콘크리트의 개발로 비로소 현대식 초고층 빌딩의 건축이 가능해졌다.

현대식 철근 콘크리트는 건축의 용이함이나 가벼움, 고층화 등 많은 이점

---

* 화성 건축은 총 18만 개의 돌이 사용된 대공사였지만 그 규모나 높이 등으로 볼 때 대피라미드와 비교할 수는 없다.
** 잡아당겼을 때 부서지는 힘. 콘크리트는 압축강도는 무척 강하지만 인장강도가 약해 뜯겨 부서지기 쉽기 때문에 건축을 위해 철근으로 보강한다.

이 있지만 암석 건축물에 비해 장기적인 내구성은 떨어진다. 대피라미드가 4,500년 이상 주 구조의 파손 없이 서 있는 것에 반해 현대 콘크리트 건물의 수명은 최대 수백 년을 넘기 어렵다.

뉴욕의 엠파이어스테이트 빌딩. 높이 318미터, 102층. 1931년에 철근 콘크리트 공법으로 지어진 대표적인 마천루다. 1972년 세계무역센터가 완공되기 전까지 40년간 세계 최고층 건물이었다.

11

화성인과 행성 Z인, 그리고 지금 우리

/ 그들은 외계인이 아니었다
/ 태양계 제국의 영광과 상처
/ 대재앙 후의 태양계, 그 현재의 모습
/ **과학박스_** 네안데르탈인

그들은 외계인이 아니었다

제국과 관련된 이야기에 들어가기 전에 우리 인류의 기원과 인류 문명의 과거에 대해 먼저 좀 생각해보자.

고인류학은 지금의 원숭이, 고릴라 등의 조상인 영장류가 인간의 전 단계인 호미니드Hominid로 진화하고, 그것이 직립보행과 높은 지능 등 인간의 특성을 많이 가진 호모Homo로 다시 진화해서 지금에 이르렀다고 본다. 호미니드의 출현은 200~300만 년 전, 호모의 출현은 170만 년 전이다.

그리고 호모사피엔스 네안데르탈렌시스, 즉 최초의 호모사피엔스인 네안데르탈인이 출현한 것은 대략 35만 년 전이다. 이들이 구석기 문명을 열었고, 지금 우리들의 직계 조상이자 우리가 속해 있는 종인 크로마뇽인은 약 3만 5,000년 전인 후기 구석기시대에 나타나 신석기시대를 개척하여 오늘에 이른 것으로 알려진다.

일목요연한 설명이지만 문제는 고인류학이라는 학문 자체가 심각하고 만성적인 증거 부족 현상에 시달리고 있다는 사실이다. 유명한 타웅 베이비Taung Baby나 리처드 리키의 두개골 1470Richard Leakey's Skull 1470, 도널드 요한슨Donald Johanson의 루시와 '최초의 가족' 화석을 포함해 전 세계에서 발견된 모든 원인과 인류의 화석을 모아놓은들 커다란 탁자 하나 위에 쌓아놓을 양밖에 되지 않기 때문이다.

이것은 그간 발견된 화석이 너무 적기 때문에 거기에서 드러난 특징으로는 각 시대와 종의 보편성을 담보하기에는 턱없이 부족하다는 의미다. 예컨대 100만 년 전 지층에서 단 하나의 두개골이 발견되었다면 그것이 100만 년 전에 살았던 호모에렉투스의 평균적인 형태라고 말할 수 있을까? 특별히 머리가 크거나 작거나 이상한 병을 앓았을 가능성은 얼마든지 있기 때문이다. 고인류학의 성과를 완전히 무시하려는 것이 아니라, 해당 학문이 가진 특성상 이렇듯 빈틈과 한계가 많다는 뜻이다.

이 정도 전제해두고 사진 11-1, 11-2, 11-3을 보자. 이 공예품에 그려진 생물들은 트리케라톱스, 티라노사우루스, 브론토사우루스 등 우리에게 알려진 공룡의 모습을 매우 구체적으로 닮아 있다. 따라서 단순한 상상의 산물일 수는 없다. 다만 인류에게 공룡의 존재가 알려진 것은 19세기에 화석을 발굴하면서부터고, 따라서 이 돌의

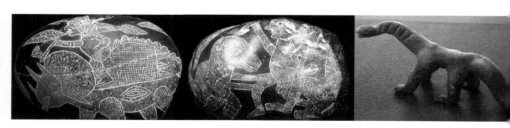

11-1, 11-2, 11-3

그림과 테라코타 모형 등은 그 이후에 만든 작품이어야 한다. 그러나 사진 11-1, 11-2는 1,000~2,000년 전 잉카에서 만들어진 것이고, 11-3의 모형은 멕시코의 아캄바로Acambaro에서 발굴된 것으로 약 2,500년 전의 것이다. 그리고 상당수의 잉카 그림에는 인간이 함께 등장한다.

이것을 어떻게 설명해야 할까. 6,500만 년 전에 멸종한 것으로 알려진 공룡이 실은 2,000~3,000년 전까지도 인간 주변에서 저렇듯 어슬렁거리고 있었던 것일까. 하지만 그랬다면 아직 화석화되지 않은 공룡의 뼈들이 세계 각지에서 이미 발견되었어야 한다. 따라서 저 공예품들은 훨씬 더 오래된 그림을 2,000~3,000년 전 사람들이 베껴 만든 것으로 보인다. 그랬다면 누군가가 공룡을 직접 보고 그린 아주 오래된 그림이 남아 있었다는 뜻이다.

만약 과거 어느 시점에 공룡과 인간이 공존했던 시대가 있었다면, 공룡 중 일부가 6,500만 년 전보다 훨씬 오래 살아남았다 하더라도 인류 문명의 기원 역시 지금 알려진 것의 수십 배 이상 과거로 소급되어야 된다. 이것이 사실이라면 그것은 현생인류인 크로마뇽인이 아닌 네안데르탈인의 문명이었을지도 모른다.

이 부분의 의미에 대해 좀 더 고찰해보자. 앞에서 살펴본 수만 년 전 벽화에 묘사된 인물들은 복장과 헬멧 등에서 외계인을 연상케 하는 존재들이었다. 그러나 여기에는 모순된 점이 있다. 이 책의 첫머리에서 수많은 외계 우주선들이 먼 은하계 너머에서부터 날아올 리가 없다는 점을 들어, 현재 지구상에 나타나는 UFO들은 대부분 화성인과 행성 Z인의 것이라는 주장을 폈다. 그러나 그렇다고 해도 지구와는 다른 기원을 가진 생물인 그들이 두 다리와 두 팔, 하나의 머리는 물론 체형마저 인간과 저렇게 유사한 존재일 수 있을까.

생명의 탄생과 진화는 그 배경이 되는 공간의 특성에 철저히 지배된다. 중력과 온도, 대기의 성분 등등에 예민한 영향을 받고, 적자생존의 방향 역시 행성마다 다를 수밖에 없다. 그런데 벽화의 그림들은 사지四指가 있는 건 물론이고 신체 비율 등 어디를 봐도 인간의 범주를 넘어서지 않는다. 이것을 어떻게 해석해야 되냐는 것이다.

이 미묘한 문제에 대해 순리로 접근해보자. 상식적인 말이지만, 하나의 태양계 속에 있는 여러 행성들에서 각각 따로 생명이 생겨나는 것 자체가 대단히 어려운 일이다. 거기에 더해 지구와 화성, 행성 Z에 동시다발적으로 생명이 탄생하고 비슷한 진화 경로와 속도를 거쳐 유사한 외모를 갖고, 특히 우연히 같은 시점에 대등한 전쟁을 치를 만큼의 과학기술 문명을 일궈냈을 가능성은 사실상 전무하다.

이것은 무슨 의미일까. 결국 이 세 행성의 종족과 문명은 하나의 뿌리를 갖고 있을 수밖에 없다는 것이다. 그리고 그 뿌리는 우리가 살고 있는 바로 이 지구여야 한다. 그렇게 단정할 수 있는 이유는 과학적 조사와 연구를 통해 우리 지구에서 생명이 진화했다는 사실이 확인돼 있기 때문이다. 만약 다른 행성들에서 지적 생명체가 나타나서 지구로 이주한 것이라면 지구상에 진화의 흔적은 없어야 한다.

이제 다시 앞의 이야기로 돌아와보자. 20만 년 전에 나타난 네안데르탈인은 오랜 세월 수렵과 어로, 채집을 통해 살아가면서 기초적인 종교와 매장 풍습, 예술적 자취를 남겼다. 하지만 거대한 뇌 용량에도 불구하고 전두엽*이 작았던 관계로 그들의 문명은 정체되었고 현대에 비견할 고등 문명을 구축할 수는 없었다. 그러던 것이 3만 5,000년 전쯤, 네안데르탈인과는 다른 경로로 진화하던 호모사피엔스 종에서 크로마뇽인이 발흥한다. 현대인과 같은 큰 전두엽을 갖춘 이들은 머잖아 네안데르탈인과의 경쟁에서 완승을 거두며 이어 초고대의 고등 문명을 일궈내게 된다.

앞서도 말했지만, 우리 자신의 알려진 역사에서 보듯 수만 년이라는 세월은 돌칼을 쓰던 사람들을 달에 보낼 만큼 충분히 긴 시간이다. 현대인과 같은 선천적 지능을 보유하고 있던 크로마뇽인이 경쟁자들을 몰아내고 사회 시스템을 구축하여 지구 전체에 강성한 제국을 건설하고, 행성 간 여행이 가능한 문명을 만들어내는 데는 2~3만 년이면 충분했을 것이다.

뛰어난 과학기술을 보유하게 되자 그들은 당시만 해도 생명이 살 수 있었던 환경, 혹은 동식물이 이미 존재했을 수도 있는 화성과 행성 Z에 눈을 돌린다. 그리고 수백 년에 걸쳐 이 행성들을 식민지화** 하고, 나아가 3개 행성을 거느린 태양계 제국을 건설하게 된 것이다.

그러나 이후 수백, 수천 년의 세월이 지나면서 제국은 서서히 분열된다. 본국과 떨어진 지역이 시간이 지나면서 독자적인 길을 걷는

---

* 대뇌의 전방, 이마 부분에 위치한 전두엽은 기억력과 사고력, 정보와 행동의 조절을 관장하며 추리, 계획, 문제 해결 등을 담당한다. 인간 외의 동물에서는 그리 발달되어 있지 않다.

** 화성을 인간이 살 수 있는 행성으로 서서히 개조해 식민지화하는 논의는 현대에도 진행되어왔고, 테슬라자동차, 스페이스엑스 등으로 유명한 미국의 기업가 일론 머스크가 현재 이런 흐름을 주도하고 있다.

일은 대영제국과 미국의 경우에서 보듯 지구상의 역사에서도 숱하게 벌어져왔으니, 다른 행성 간의 관계에서는 말할 것도 없다. 분열의 구체적인 이유와 경로까지 알 방법은 없지만, 역사 속 대부분의 경우에서 그러하듯 제국 중심부의 힘이 약해지면서 통제력과 구심력이 상실되어갔을 것이다.

그러면서 화성은 보수적 군국주의로, 행성 Z는 다소 진보적이고 자유로운 방향으로 변해갔다. 거기에는 역사적 사건이나 정치적 입지, 자연 환경, 자원 등 여러 가지 요인들이 작용했겠지만 두 행성의 문명이 모두 붕괴된 지금 정확한 이유를 찾아내는 것은 어렵다. 단지 그 흐름 속에서 행성 Z와 지구는 비교적 무난한 관계를 유지했지만 화성은 이 두 행성과 대립각을 이루고 있었을 거라고 짐작할 수 있을 뿐이다. 예컨대 유대(모세)의 성서에 등장하는 '나 외의 다른 신을 섬기지 마라', '나는 질투하는 신이다' 등의 배타적 표현들은 대재앙 이전 지구와 관계가 좋았던 행성 Z에 대한 화성인들의 뿌리 깊은 질투와 경계를 드러내는 것인지도 모른다.

그렇다면 이들은 왜 사활을 건 전면전에까지 이르게 되었을까. 아마도 현실적 이익과 제국의 명예, 두 가지 이유가 아니었을까.

지구는 두 행성 모두에게 욕심나는 곳이었음에 분명하다. 3개의 행성 중 가장 생명이 살기에 적합한 자연 환경을 보유하고 식량이나 물의 조달 등 여러 측면에서 큰 이점을 갖고 있었기 때문이다. 자원의 관점에서도 석유나 석탄 등 화석 연료는 생물의 시체가 수억 년의 세월이 지나며 탄화된 것이기 때문에 화성이나 행성 Z에서는 찾아보기 어려웠을지도 모른다(물론 그곳에서도 다양한 생물들이 나타나 독자적으로 진화했을 가능성은 배제할 수 없다. 다만 인류와 같은 시점에 같은 진화 단계에 있지는 않았을 것이며 여러 가지 특성이나 조건도 많이 달랐을 것이다). 이런 부분들에 대해 행성 Z는 평화적 동맹 관계를 추구했으나 기본적 성향이나 관계가 다르던 화성은 행성 Z를 몰아내고 지구를 정복하려는 꿈을 꾸게 되었다.

하지만 이미 이빨 빠진 호랑이였던 제국의 명예는 왜 필요로 했을까. 생각해보자. 이 제국은 지금 우리가 알고 있는 인류 문명의 바탕의 바탕이 되는 깊은 뿌리다. 우리가 석기시대라고 알던 시절에 그들은 위대한 과학기술 사회를 건설했고, 가까운 두 행성으로 진출했으며, 나아가 지구를 포함한 3개의 행성을 거느리는 거대한 태양계 제국으로 발전해갔다. 이 과정에서 제국의 영향력과 권위, 자긍심은 상상을 초월할 정도로 거대했을 것이다.

로마 제국이나 중국의 주周나라가 그랬듯 이런 제국은 쇠퇴한 이후에도 일종의 신성한 이상향으로 후손들의 가슴속에 남게 된다. 로마를 멸망시킨 장본인인 게르만족이 역설적이게도 이후 1,000년이 훨씬 넘도록 신성로마제국Holy Roman Empire의 이름을 명예롭게 간직했던 점이나, 주나라가 힘을 잃은 후에도 그 권위가 300년이나 유지된 춘추시대春秋時代가 그 좋은 예다. 따라서 제국의 본령을 차지하고 그 정통성의 계승을 천명하는 것은 경쟁자(화성의 입장에서는 행성 Z)를 누르고 자신들의 정체성과 이익을 확보하는 데 대단히 중요한 일이었다.

사실 대재앙 직전 태양계 제국의 이런 상태는 우리에게도 익숙한

삼국지의 상황과 비슷하다. 후한後漢 말
의 중국은 위魏, 촉蜀, 오吳의 3개 나라
로 나뉘어 있었는데 제갈량諸葛亮은 이를
정족지세鼎足之勢(솥 다리의 지세)로 칭하
며 세 세력이 어느 한쪽도 절대적 우위
를 차지하지 못한 채 서로 대립하는 형
국으로 규정했다.

그러나 실제로는 촉과 오의 힘을 합
쳐본들 위의 그것에 미치지 못했다. 그
결정적인 이유는 위의 조조曹操가 황실

11-4 조조.

을 등에 업고 있었기 때문이다. 어린 헌제獻帝를 꼭두각시로 내세운
조조는 나라의 군대를 직접 움직이고, 황명을 빌려 자신의 뜻을 합법
적인 형태로 관철시켰다. 황실이 존재하는 한, 외형적으로나마 한나
라의 신하였던 손권孫權, 유비劉備 등은 조조의 계략임을 알면서도 황
제의 직인이 찍힌 칙령을 무시할 수 없었다.

태양계 제국의 영광과 상처

1만여 년 전 당시 제국 권위의 중심부에 가까웠던 쪽은 행성 Z였
다. 어쩌면 그들은 권력 없이 권위만 남은 '황제' 옆에서 일종의 조조
같은 역할을 하고 있었을까. 그리하여 오랜 세월 동안 화성에 대한
견제와 차별, 불이익이 주어졌던 것일까.

누가 먼저 시작했건 그 전쟁에는 화성과 행성 Z, 지구 모두 나름의 명분이 있었을 것이다. 그리고 비록 전쟁의 목표 지점에는 지구가 있었지만 대부분의 전투는 화성과 행성 Z 사이에서 벌어졌을 것이다. 화성 입장에서는 지구를 직접 공격하는 것보다는 막후에서 지구를 등에 업고 영향력을 행사하는 행성 Z를 제거하는 것이 우선이고도 근본적인 과업이었기 때문이다. 그러나 결과는 공도동망共倒同亡, 화성과 행성 Z는 전면전에 의해 처참하게 붕괴되고 제국의 중심부였던 지구까지도 대재앙의 풍파에 휩쓸리게 된다.

수만 년에 걸친 태양계 제국의 영광은 그렇게 깊은 우주 공간과 대홍수의 바닷속으로 사라져버리고 말았던 것이다.

그러나 그 기억과 흔적이 모두 없어져버린 것은 아니었다. 지구인, 화성인, 행성 Z인에게 공통적으로, 과거 위대한 제국의 영광은 스스로의 생존과 재건을 위해서도 반드시 붙잡고 있어야 하는 무엇이다. 대재앙의 과정에서 유일하게 살아남은 제국의 본령 지구는 과거의 문명과 기술을 모두 상실했지만, 모성 파괴라는 대파국을 맞은 행성 Z와 화성은 역설적으로 달과 이아페투스 등을 통해 이를 이어나갈 수 있었다. 그리고 수천 년의 세월이 지나 준비가 되자 그들은 다시 지구에 진출하게 되었던 것이다.

그 위대했던 태양계 제국의 문장은 동서고금을 통해 완벽한 도형으로 일컬어진 삼각형이었다. 이 상징은 긴 세월을 뛰어넘어 지금까지도 삼각뿔, 겹친 삼각형 등의 모습으로 세계 모든 지역에 남아 있고, 또 지금도 건설되고 있다.

이 위대했던 태양계 제국의 이름을 후대의 유대인들은 YHWH, JHVH로 표기했고, '여호와'라 읽었다.

여호와는 신의 이름이 아닌 제국의 이름, 혹은 그 지배자의 직위였을 것이다. 3개의 행성에 걸친 영광스러운 거대 제국, 모든 생명이 사는 행성을 개척하고 다스리던 존재. 과거 중국의 황제마저 '천자'라고 불렸던 점을 생각해보면 행성 Z나 화성인들에게 여호와는 말 그대로 조물주와 동등한 존재로 인식되었을 것이다.

이 태양계 제국의 비밀을 전수받은 사람들은 아직도 이 세계에 엄청난 영향을 미치고 있다. 그들은 앞선 지식과 정보, 기술 등을 통해 고대 이집트에서 오늘에 이르기까지 인류의 엘리트로서 드러나지 않는 막후에서 활동해왔다.

11-5 이스라엘.

11-6 이집트.

11-7 수단.

11-8 중국 시안.

11-9 보스니아.

11-10 멕시코.

11-11 고대 로마.

11-12 바티칸.

11-13 스코틀랜드.

11-14 프리메이슨.

11-15 미국.

11-16 프랑스.

11-17 카자흐스탄.

11-18 여호와의 문장.

이렇게, 고대 태양계 제국의 그림자 속에서 지구와 나머지 두 행성의 잔존 세력들이 암암리에 서로 주도권 다툼을 벌여온 것이 바로 우리가 아는 5,000년 인류 문명의 역사다.

대재앙 후의 태양계, 그 현재의 모습

그러나 이제 인류 문명의 수준이 그 옛날 제국의 것에 근접해가는 시점이 되면서 과거의 대립적 가치들도 그대로 남아 있지 않고 변하고 있다. 대재앙을 거치고 1만 년이라는 긴 세월이 지나고, 끝없는 경쟁과 투쟁, 부침을 거치면서 양 진영 모두 큰 변화를 겪었고 조금씩 서로 닮아갔기 때문이다.

예컨대 수십 년 전부터 매년 개최되고 있는 빌더버그Bilderberg 클럽의 비밀 정례회의는 이제 일반인에게도 익숙하다. 여기에는 미국과 유럽 등지의 정치·경제 분야 최고 지도자급이 참여해 세계 정책을 논의한다. 그들의 목적을 정확히 알 수는 없지만 행성 Z와 화성, 양 진영이 모두 참여하는 회의인 것은 분명하다. 이것이 대립을 해소하는 바람직한 방향으로 보일 수도 있지만 문제는 신세계 질서New World Order의 수립을 지향하는 주요 세계 정책의 방향이 민주주의와 헌법에 의해 뒷받침되지 않는, 다시 말해 세계 시민의 의사가 존중되지 않는 막후의 그늘 속에서 논의되고 결정된다는 사실이다.

이런 활동에는 더 이상 행성 Z와 화성이 크게 구별되지 않는다. 구체적인 입장은 좀 다르더라도 대중의 이익이나 민주주의의 원칙과는 다른 폐쇄적 엘리트주의 노선을 고집한다는 점에서 그들의 정체성은 유사하다. 최근에는 세계 단일정부 수립이 이들의 목표로 공공연히 이야기되는데, 이 점을 보면 이미 두 행성의 잔존 세력들은 하나의 목표로 연대되어 있는 듯하다. 그렇다면 이것은 더 이상 그들 간의 경쟁이 아니다. 비밀을 아는 자들이 그렇지 않은 보통 사람들에 대해 권력을 유지·확대하려는 것일 뿐이다.

이제 앞으로의 세상은 어떻게 흘러가게 될까. 인터넷과 휴대전화, 소셜 네트워크라는 우리 '보통' 지구인들의 무기가 세상의 중심을 흩어놓으며 수천 년에 달하는 그들의 리더십을 종식시켜나가게 될까. 아니면 이것들 역시 거대한 계획의 일환으로 우리는 더욱 교묘하게 그들의 목적과 이익에 복무하며 살게 되는 걸까.

필자는 아직 거기에 대한 답을 갖고 있지 않다.

네안데르탈인

본문에서는 호모사피엔스에 포함시켰지만, 네안데르탈인이 호모사피엔스 종
인지 아닌지에 대해서는 학계에서 의견이 분분하다.
네안데르탈인은 1856년 현재의 독일인 프로이센의 네안데 계곡에서 발견되
어 명명되었다. 두개골의 차이 때문에 초기에는 특수한 병을 앓은 중세나 근
대인의 시신으로 여겨지기도 했다.

지금의 인류와 완전히 같다고 할 크로마뇽인은 약 3만 5,000년 전에 발흥했
지만 그 기원은 약 20만 년 전까지 소급된다. 한편 네안데르탈인은 13만 년
전에야 완전한 형태로 나타났기 때문에 어떤 의미에서는 현생인류보다도 늦
고, 따라서 네안데르탈인→크로마뇽인으로 연결되는 진화의 흐름은 존재하
지 않는 것으로 여겨진다. 그러나 고인류학 화석의 수 자체가 너무 적기 때문
에 향후 새로 발견되는 화석에 의해 그 기원이나 변천 과정은 여러 차례 수정
될 가능성이 크다고 보인다.

네안데르탈인은 현생인류와 비슷한 체격이지만 훨씬 두꺼운 뼈를 갖고 있었
다. 2007년의 연구 결과로는 네안데르탈인은 붉은 머리카락에 흰 피부를 가
진 유럽인에 가까운 외모로, 한때 일반화되었던 유인원의 특성을 가진 원시
인의 이미지와는 무척 다르다는 것이 판명되었다.

네안데르탈인 추정도.

네안데르탈인은 불을 사용하고 석기를 만들었으며 죽은 사람을 매장하는 등 현생인류와 생활 방식 면에서 유사한 점이 많았다. 약 3만 년 전에 멸종했는데 그 이유는 크로마뇽인과의 전면전, 환경 변화에 대한 적응 실패, 혼혈에 의한 흡수 소멸 등 다양하게 추정되고 있다. 2013년, 네안데르탈인의 유전자가 사하라 이남 아프리카인을 제외한 현생인류의 DNA에 남아 있음이 확인되었는데, 오랜 편견과는 달리 '순수' 호모사피엔스 종은 아프리카 흑인이며 유럽 백인과 동양인 등은 혼혈에 의한 네안데르탈인의 유전자를 갖고 있다는 점은 시사하는 바가 있다.

"C 인젝터를 다시 점검해."

두캇 상사의 명령이 떨어졌다. 벌써 세 번이나 점검했지만 마음이 놓이지 않는 모양이다. 젠스는 짜증이 났지만 불만을 터뜨리지는 않았다. 저 굵고 낮은 목소리를 등 뒤에서만 들어도 소름이 돋을 지경인데, 2미터의 키와 날아간 얼굴의 반쪽을 지지하고 있는 탄소강 보강재의 칠흑 같은 섬뜩함을 정면으로 바라보며 툴툴거릴 생각은 없었다.

그러나 그는 상사를 미워하지 않았다. 거칠고 때로는 폭력적인 사람이지만 그가 없었다면 제3공병대는 아무도 살아남지 못했을 것이다. 100명이던 인원이 겨우 24명으로 줄어 있었지만, 달티냐 기지가 적의 미사일 공격으로 괴멸되는 와중에 상사의 어울리지 않는 꼼꼼함이 그들을 구해냈다. 아무도 기지가 직접 폭격당할 거라고 예견하지 못했을 때, 저 지긋지긋한 상사 덕택에 그들은 매일 점호 직전까지 방어 실드를 점검하고 반충격 유체를 재주입했기 때문이다.

물론 그런 것으로 미사일을 이겨낼 수는 없다. 하지만 실드로 보강된 합성수지 지붕의 절반은 잠들었던 대원들이 무기를 챙겨 방공호로 몸을 날릴 30초 동안 버텨주었던 것이다. 비록 나머지 절반은 무너져 내려 그 아래 잠자던 76명을 암석과, 철, 그리고 실드에서 흘러나온 맹독성 유체의 반죽으로 만들어버렸지만 말이다.

"다 끝났습니다. 인젝터 이상 없음. 30분 내로 재발사가 가능합니다."

젠스가 상념에 빠져 있는 동안, 곁에서 종일 정비 작업을 같이 한 사리아가 크고 새된 소리로 대답했다. 상사에 대한 사리아의 충성은 단순한 병사의 그것 이상이었다. 그를 사랑하는 것은 아니었다. 다만 남자 병사들이 갖는 치기 어린 경쟁심을 갖지 않았을 뿐이다.

그에게 상사는 제3공병대의 위대한 수호신이었고 어쩌다 한 번씩 나누던 섹스는 전우애와 존경의 의미였을 뿐 남녀 간의 감정에서 비롯된 건 아니었다. 최소한 사리아의 말에 따르면 그랬다.

젠스는 작업 중이던 언덕 위에서 몸을 일으켜, 발아래 회색 평원에 솟아오른 기지를 바라보았다. 행성 전체를 합쳐 3,000개나 존재하는 대미사일 방호기지. 그럼에도 저들이 쏘아대는 미사일의 70퍼센트밖에 격추시키지 못한다. 따라서 30퍼센트는 그대로 경작지와 마을, 숲, 그리고 도시에 떨어질 수밖에 없다. 지금까지 그가 아는 것만도 300번의 핵폭발이 있었고, 얼마나 더 있을지 아무도 알 수 없었다.

'과연 우리가 이길 수 있을까….'

아무도 듣지 못하게 혼자 속삭였다고 생각했는데, 사리아가 차갑게 쏘아붙였다.

"또 시작이네, 젠스 상병. 전황 브리핑을 들었잖아. 이제 얼마 안 남았어. 지금까지의 전세를 뒤집어놓을 획기적인 대책이 있다잖아."

그는 눈살을 찌푸렸다.

"그 말을 다 믿는단 말이야? 누가 봐도 우리는 적을 제대로 공격하지 못하고 있어. 지난주에는 케프리시가 당했잖아. 3,500만 중에 살아남은 사람이 100만도 안 돼. 이건 지는 전쟁이야."

사리아의 얼굴이 붉어졌다. 잠시 숨을 몰아쉬던 그녀는 그러나 의외로 차분하게 가라앉은 목소리로 말했다.

"나도 알아. 지금까지는 그랬다는 거. 하지만 상부에서도 인정했잖아. 계산 착오가 있었다고. 우리 광선 무기가 놈들의 땅에까지 도달하지 못했다는 걸. 이번에는 그걸 아는 상태에서 대책을 세운 거라고."

그런 말들, 어떻게든 사기를 끌어올리려는 정부의 허황된 프로파간다일 뿐이다. 하지만 젠스는 그녀와 싸우고 싶지 않았다. 그런들 무슨 소용이겠는가. 이 큰 행성에서, 한때 연인이었다가 운명의 전쟁에 같이 징집되어, 3년 동안 수많은 전우들의 죽음을 함께 겪고, 이제 허리에 개인화기를 하나씩 차고 대미사일 빔의 연료 주입기를 고치고 있는 처지에 말다툼에서 이겨본들 대체 무슨 소용인가.

그때, 때마침 다시 다가온 두캇 상사의 둔탁한 목소리가 들려왔다.

"젠스, 사리아! 끝났으면 내려가자. 오늘은 일찍 숙소에 집결해 있으라는 명령이야."

그들은 장비를 주섬주섬 챙겨 일어났다. 사실 적의 미사일 공격에서 제일 안전한 곳은 10킬로미터쯤 떨어진 숙소가 아니라 방호기지 주변이었다. 그래서 공병대원들은 가급적 기지 인근에서 많은 시간을 보내곤 했다. 고칠 것은 찾으면 언제든 있었고 여름밤은 노숙을 해도 추울 정도는 아니었다. 적어도 지붕이 무너지는 악몽에는 시달리지 않아도 되었다.

차량으로 숙소에 도착한 것은 반 시간쯤 후였다. 달티냐 기지의 최첨단 경보 시스템이 사실상 무용지물이란 것을 안 이후 3공병대는 언제나 경량수지로 만들어진 천으로 된 텐트에서 생활해왔다. 지붕이 완전히 투명하기 때문에 우주 공간을 가로질러 날아오는 미사일의 로켓 화염을 육안으로 볼 수 있다. 일찍 발견하기만 하면 미사일의 궤적을 계산해서 안전한 곳까지 옮길 시간은 있었다.

지난 3개월 동안 화염을 보고 대피한 적은 단 한 번. 그러나 그것은 적의 미사일이 아니라 아무런 해도 없는, 아름답기까지 했던 작은 유성이었다.

두캇과 젠스, 사리아가 숙소에 들어왔을 때 이미 그곳에는 21명의 동료들이 모두 모여 있었다. 아직 아무것도 방영되고 있지 않은 스크린 앞에 모여서 그들은 평소와 다르게 웅성거리고 있었다.

"무슨 일이지?"

상사의 굵은 목소리가 들리자 그들은 모두 입구 쪽을 돌아보았다. 오랜만에 보는 동료들의 밝은 표정들에 젠스는 어리둥절했다. 그 중 가장 어린 미냐 일병이 흥분해서 외쳤다.

"상사님, 신무기요. 사실이래요. 곧 사령부의 방송이 있을 예정이래요. 전쟁을 끝낼 수 있대요!"

미냐 일병이 저런 큰 목소리로 말하는 걸 들은 부대원은 아무도 없었다. 18세라지만 15세밖에 되어 보이지 않는 앳된 모습. 달티냐 기지의 참사에서 친오빠를 잃었을 때도, 마아니지 숲에서 부대 전원이 길을 잃고 7일간이나 헤매다 파상풍에 걸려 왼손을 절단하게 되었을 때도 그녀는 무표정에 가까운 얼굴로 조용히 흐느꼈을 뿐이었다. 그런 그녀의 얼굴이 기대감 속에서 홍조를 띠고 있었다.

"무슨 소리야? 신무기는 아직 개발 중이라고 하던데?"

사리아가 의심스러운 얼굴로 말했다. 3년 동안 속속들이 진짜 군인이 되어버린 그녀는 연약하고 내성적인 미냐를 좋아하지 않았다. 전투나 임무에 도움이 되지도 않는 어린애일 뿐이라고 투덜거렸고 그것은 어느 정도 사실이었다. 언젠가는, 일찍 죽어야 할 녀석은 죽지도 않는다고 술김에 소리치는 바람에 다른 대원과 주먹싸움이 벌어진 일도 있다. 그때도 미냐는 아무 말도 없이 웅크리고만 있었다.

"아니에요. 다 만들었대요. 오늘 발표한대요."

평소와 다른 미냐의 발끈한 말대답에 사리아의 눈썹이 꿈틀거렸다. 그러나 그녀가 뭔가 소리치려는 찰나, 스크린에 환한 불빛이 켜졌다. 두캇, 젠스, 사리아, 미냐 그리고 숙소 안의 모두는 동시에 화면 쪽으로 고개를 돌렸다. 화면에는 스카리스 대원수의 얼굴이 떠올랐다.

"저 사람이 아직도 죽지 않았단 말이야…?"

대원들이 웅성거렸다. 케프리시의 괴멸에 따른 정부의 붕괴 속에서도 그는 살아남았던 모양이다. 아니, 어쩌면 미리 녹화된 합성영상일지도 모른다. 하지만 그런 것은 중요하지 않다.

"전우 여러분. 그리고 국민 여러분."

대원수의 나지막한 목소리에 숙소 안은 쥐 죽은 듯 조용해졌다.

"여러분께 기쁜 소식을 전해드리겠다. 전쟁은 끝났다!"

그리고 그는 마치 반응을 기다리기라도 하는 듯 잠시 입을 다물었다.

젠스와 사리아는 놀란 표정으로 서로를 쳐다보았다. 두캇 상사조차도, 그 거칠고 기계적인 얼굴에 놀란 빛을 띠었다. 입을 여는 사람은 아무도 없었다.

"지난 3년간 불리한 전황 속에서 우리 행성은 인구의 40퍼센트를 잃었다. 370개 지역이 핵공격을 받았고, 아름다운 우리의 자연과 도시는 저 외계의 원수들에게 처참하게 파괴되었다. 그리고 우리의 군사력으로는 저들의 모행성을 공격할 수단을 갖추지 못했었다. 절망적인 상황이었다."

젠스는 침을 꿀꺽 삼켰다. 대원들은 그 자리에 얼어붙은 듯 멍하니 화면을 주시했다.

"그러나 우리 과학자들은 그런 동안에도 이 전쟁을 승리로 이끌기 위한 연구를 게을리하지 않았다. 많은 노력과 희생 끝에, 우리는 지구의 협력으로 우주 공간에서 극비 프로젝트를 진행했고, 다행히 얼마 전 그 완성을 볼 수 있었다."

사리아가 화색을 띠며 의기양양하게 젠스를 돌아보았다.

"더 이상 말로 설명하는 것은 의미가 없다. 지금부터 볼 영상은 6시간 전인 정오 무렵에 적 행성을 촬영한 것이다."

그러고는 대원수의 늙은 얼굴이 사라지고, 화면은 노이즈 상태로 변했다. 기껏해야 10초도 되지 않았을 시간이 마치 몇 년처럼 길게 느껴졌다. 그러나 잠시 후, 너무도 익숙한 적 행성의 추악한 모습이 거대한 화면에 가득 나타났다. 이를 본 대원들이 분노와 저주의 신음을 흘렸다.

스카리스의 목소리가 배경으로 흘렀다.

"행성의 중앙부를 주목해주기 바란다."

다음 순간, 화면의 좌측에서 거대한 붉은색 섬광이 행성을 비추는 듯했다. 모두가 어리둥절해 있던 찰나, 적의 행성 중앙부에서 엄청난 폭발이 일어났다. 폭발은 너무도 커서 마치 행성 전체가 흔들리는 것 같았다. 아니, 분명히 흔들렸다.

그러고는 불길이 사방으로 흩날리고, 섬광을 맞은 반대편 우측으로 엄청난 양의 파편이 우주 공간으로 튕겨져 나갔다. 파편의 양이 너무 많아 행성이 통째로 파괴되는 게 아닌가 싶을 정도였다. 고막을 뚫는 폭음이 들리지 않는 게 어색할 지경이었다. 대원들은 눈이 휘둥그레져 입을 벌리고 그 광경을 바라보고 있을 수밖에 없었다.

"어떻게 된 거지…?"

젠스가 가까스로 입을 열었지만, 역시 충격 속에 영상을 지켜보던 사리아가 입술에 손을 대고 조용히 하라는 신호를 보냈다.

"이 영상은 6시간 전 실제 상황을 촬영한 것이다. 우리 과학자들의 신병기에 의해 적의 모행성은 완파되었으며, 핵미사일을 포함한 모든 무기는 물론, 행성 표면과 지하의 모든 생명체가 괴멸하였다."

합성된 영상일 텐데도 스카리스의 얼굴은 마치 떨리는 것 같았다.

"완벽하고 최종적인 승리다. 적은 사라졌고 우리는 이겼다."

5초쯤 지났을까. 막사 안에서는 지금까지 어느 누구도 들어보지 못한 엄청난 환호성이 터져 나왔다. 미냐는 미친 듯이 소리를 지르며 제자리에서 뛰었다. 사리아는 그 자리에 그대로 주저앉았다. 눈물이

빰을 따라 흘러내렸다. 두캇 상사의 상어 같은 눈에도 분명 눈물이 고였을 것이다. 전쟁 초기에 가족을 모두 잃고, 얼굴의 반쪽만 남긴 채 복수의 칼을 갈던 그였다. 승리하기 전엔 죽을 자격도 없다는 그. 사실 대부분의 병사들도 비슷한 심정이었다.

그런데 젠스는 이상하게도 차분했다. 기뻤지만 그저 실감이 나지 않았던 걸까. 영원할 것 같던 전쟁이 이렇게 싱겁게, 어느 한순간에, 그것도 우리의 승리로 끝나버리다니. 1년 전 강화 협상을 위해 중간 지역으로 가던 대표단의 우주선마저 파괴해버린 저들을 보고 모든 희망을 잃었었는데.

'우린 결코 저렇게 잔인할 수 없을 거다. 우리가 패하는 이유는 그것 때문이야.'

그 이후부터 그저 죽지 못해 전투에 참여했을 뿐이고, 명령 때문에 장비들을 수리했을 뿐이며, 이젠 전우애로 변해버린 사리아와의 옛 추억, 그리고 어떻게든 감싸주고 싶었지만 드러내지는 못했던 미냐에 대한 감정 때문에 버티고 있을 뿐이었다.

그런데 이렇게 이기다니. 저렇듯 완벽하고도 최종적으로.

전우들은 모두 얼싸안고 환호했다. 젠스도 어느 틈엔가 그러고 있었다. 핵미사일 한 발에 기화해버린 사일라섬 출신의 여걸 나브란 과 부둥켜안고 뒹굴었고, 책벌레였지만 이제는 누구보다도 강인한 전사가 된 도레프, 그리고 추악한 적의 지상군이 출몰했던 전쟁 중기 에 눈앞에서 가족이 도륙당한 사냥꾼 출신의 브란투…. 그들 모두와

얼싸안고 쓰러졌다. 24명 모두, 아니 죽은 대원들까지 합쳐 젠스 상
병이 그 사연을 모르는 이는 아무도 없었다. 그러나 이제 끝났다. 승
리와 함께 복수를 이루고 만 거다.

흥분이 조금 잦아들었을 때 젠스는 사리아를 돌아보았다. 그녀는
한쪽 구석에서 두캇 상사와 길고 긴 키스를 나누고 있었다.

'사랑하지 않는다고? 훗….'

언젠가부터 화면에는 이 승리를 이끌어낸 영광의 신무기의 구조
가 비춰지고 있었다. 그것은 먼 지구궤도에 떠올려진 거대한 우주기
지였다. 광선 무기의 파괴력을 높이기 위해서는 구형의 내부 반사체
를 가급적 크게 만들어야 한다는 건 상식이다. 하지만 저렇게 큰 구
조물을 만들어내다니. 가까이서 물자를 조달할 협력자가 없었다면
불가능한 일이었다.

대원들이 승리의 기쁨
을 만끽하며 고함을 지르
는 동안, 왠지 다시 차분해
진 젠스는 슬그머니 밖으
로 걸어 나왔다.

막사 옆의 엄폐물(지상
군은 이미 오래전에 물러갔
고, 핵공격에는 아무런 소용

도 없을)을 지나 그는 풀이 듬성듬성 나 있는 작은 언덕으로 혼자 올라갔다. 이 시간이면 육안으로 적의 행성을 볼 수 있다. 어스름해진 하늘의 반대편에 별들이 떠오르고 있었고 그것은 저들 중 하나에 있을 것이다.

하지만 어쩐지 젠스는 행성을 쉽게 찾을 수 없었다. 잠시 어리둥절했던 그는 방금의 영상을 떠올렸다. 그리고 녹색 행성이 있어야 할 자리에 볼품없는 붉은 별이 대신 떠 있는 것을 눈치챘다. 육지와 생명체는 물론 물과 대기까지도 모조리 증발한 그 별은 불과 하루 만에 저렇듯 흉하게 타버린 시체가 되어 있었던 것이다.

그때서야 그는 이 모든 것이 실감났다. 자신의 눈으로 저 악마들의 시신을 목도한 지금, 이제 더 의심하거나 두려워할 것은 없다. 어딘가에 약간의 잔당이 있을지 모르지만 더 이상 우리의 상대가 되지는 않는다.

이제 해야 할 일은 이 세계의 재건일 뿐이다. 상처를 치유하고 질서를 회복하는 데 오랜 세월이 걸릴지 모르지만, 적어도 우리 Zion은 이겼고 또 살아남았다. 그것만으로도 희망은 충분했다.

어느덧 해가 기울면서 언덕 너머 멀리 노을이 지고 있었다. 구릿빛 하늘 속에서 그는 조금씩 감상에 빠졌다. 이제 막사로 돌아가서 미냐를 찾을 것이다. 그녀를 껴안고는 두캇과 사리아보다 더 격정적인 키스를 나눌 것이다. 그러고는 함께 시골에 정착해 작은 과일나무들을 키울 것이다. 살아남은 것에 감사하고 많은 자손을 남길 것이다.

젠스 상병은 미소를 띠며 천천히 고개를 들었다. 어느새 어둑해진 하늘의 한구석, 노을은 이제 아름답기 그지없는 검붉은 색을 길게 드리웠다.

그때, 그 위에 못 보던 별 하나가 젠스의 눈에 들어왔다.

'저건 뭐지?'

별은 조금씩 커지는 것처럼 보였다. 착각인가…? 호기심 속에서 바라보고 있던 그는 이내 깨달았다. 커지는 것이 아니라 가까워지고 있었다. 유성이었다. 그리고 다음 순간 작은 섬광이 번뜩였다. 빛은 크지 않았지만 눈이 부실 정도로 환했다. 아마 큼직한 유성이 대기권에 진입해 폭발한 것이리라.

'묘한 우연이군.'

젠스는 유성이 사라진 하늘에서 마지막 태양 빛을 머금고 뻗쳐 오는 긴 노을을 바라보았다. 이제는 미냐에게 돌아갈 시간이다. 더 늦으면 다른 녀석이 선수를 칠지도 모른다. 수줍은 그녀도 그에게만 은 친절했다.

하지만 기대감을 품은 채 종종걸음으로 언덕을 내려가던 젠스는 몸이 위로 살짝 뜨는 듯한 느낌을 받았다. 순간적으로 어지러워 그는 자리에 주저앉았다. 긴장이 풀려서 현기증이 난 걸까. 하지만 어지러 움은 점점 심해져만 갔다. 몸이 위아래로 조금씩 떴다 가라앉았다를 반복하는 것 같았다.

'지진인가?'

젠스는 자리에서 일어나려 했다. 땅이 흔들리는 느낌은 별로 없 었다. 그러나 어디선가 이상한 소리가 들렸다. 아니, 소리라기보다는 울림이었다. 초저주파 진동 때문에 배와 흉강 내부가 울렁거렸다. 메 스꺼워 토할 것만 같았다.

그러고는 잠시 후 이상한 열기가 훅 하고 뿌려졌다.

'더워.'

젠스는 어느새 혼미해지려는 머리를 들어 해가 지는 지평선을 바 라보았다. 조금 전과는 다른 미쳐버린 노을이, 길게, 서서히, 거대한 불길이 되어 온 세상을 덮쳐오고 있었다.

그는 무겁고 휘청거리는 몸을 일으켜 본능적으로 막사를 향해 뛰었다. 안에서는 누가 틀었는지 흥겨운 음악이 크게 들려왔다. 하지만 음악 소리는 점점 커지는 압도적인 진동음에 이내 묻혀갔다. 그는 막사를 향해 소리치려 했다. 사리아, 미냐, 상사님….

하지만 그러기엔 등이 너무 뜨거웠고 입은 이미 바짝 말라 있었다. 젠스는 땅바닥에 던져지듯 나뒹굴고 말았다. 군복이 어디론가 사라지고 벌거벗고 있었다. 머리카락에서 탄 냄새가 났다. 무력감과 함께 심한 통증이 엄습했지만, 바닥에서 뒹굴면서도 그는 정신을 차리기 위해 무의식적으로 안간힘을 썼다.

그러던 한순간 젠스는 기적적으로, 무슨 일이 일어난 것인지 깨달았다. 전쟁은 6시간 전이 아니라 이제 끝난 것이다. 소문으로 떠돌던 적들의, 반물질 폭탄이던가. 이론적으로 불가능하다고 공언했던 그것. 그래서 광선무기만을 만들고 있던 과학자들이 틀렸던 것이다.

그때, 이상하게도 전쟁 내내 한 번도 들지 않았던 생각이 그의 머리를 스쳐갔다.

'우리와 그들이 서로 이렇게나 미워했던 걸까. 한때는….'

하지만 그 의미를 곱씹을 틈도 없이 온몸의 힘이 없어지며 생각과 기억이 흐려져갔다. 어머니와 아버지, 어린 시절의 행복한 추억,

사리아와의 설레는 만남, 전쟁의 발발, 처음 징집되던 날, 수많은 전투와 임무, 동료들의 죽음, 승리의 기쁨. 그리고 미냐에 대한 애정과 조금 전의 그 유성까지도.

이제 모두 사라지고 없었다.

우주적 판타지 엔터테인먼트

여러분은 필자와 함께 이 복잡하고도 신비한 이야기를 끝까지 함께하셨다. 그렇다면 이 책에 진실은 과연 얼마나 들어 있을까.

이 책에는 수많은 사진과 자료들이 등장한다. 머리말에서도 언급했지만 이 자료들 중 조작되거나 합성된 것은 없고, 지난 20여 년간 지속해온 이 분야에 대한 관심으로 필자가 책과 인터넷을 통해서 축척해둔 것들이다. 숨어 있는 비밀스러운 자료들도 아니고 일반적인 경로로 모두 찾을 수 있다. 필자는 단지 무슨 검색어로 어디서 찾아야 하는지를 그간의 관심과 경험을 통해 알고 있을 뿐이다. 그 자료들을 바탕으로 그럴듯한 논리 전개와 추론, 상상, 비약 등을 뒤섞어 제법 그럴싸하고도 거창한 초고대의 역사로 엮어낸 것이 바로 이 책이다.

그 내용 중 어느 정도 구체적인 증거의 뒷받침을 받고 있는 것들을 열거해보자.

1. 화성은 과거 생물이 살던 별이었지만 우주적 사건으로 살해되었다

이 부분은 10여 년 전 그레이엄 핸콕이 책으로 발간한 『The Mars Mystery』에 비슷한 내용이 소개되어 있다. 그리고 마스 글로벌 서베이어와 최근의 오퍼튜니티, 큐리오시티 등이 수많은 표면 사진을 찍어 보냄으로써 객관적 신빙성을 띠게 되었다. 특히 본문에서 소개한 화성 표면의 지질학적인 증거들을 감안하면 옛날 어느 시점에 파국적인 충돌이 있었다는 점은 명백한 사실로 보인다. 하지만 이 책의 내용과는 달리 불운한 자연현상에 의한 것일 가능성도 크다.

다만 필자는 화성이 무슨 이유로 파괴되었든, 과거 그곳에 모종의 생명체가 존재했었다는 느낌은 지울 수 없다. 언젠가 보다 구체적이고 다양한 증거들이 발견될 것으로 기대한다.

2. 행성 Z는 존재했고 어느 시점에 파괴되었다. 그곳에도 생물이 살 수 있었을지도 모른다

화성과 목성 사이에 행성 대신 거대한 소행성대가 있는 건 분명한 팩트다. 왜 이곳에는 행성 대신 돌무더기가 있을까, 처음엔 그것이 궁금했고 나중에는 이 지역에서 파괴된 행성에 대한 논의가 이미 오래전부터 있었다는 점을 알게 되었다.

다만 지금은 그 논의가 거의 사그라진 상태인데, 알려진 소행성 전체의 무게를 합친다 해도 행성의 규모가 되기에는 턱없이 부족하기 때문이다. 그러나 상당한 양의 잔해들이 아주 멀리, 예컨대 태양

폭발하는 행성.

계 바깥쪽의 카이퍼 벨트로 날아갔든가 아주 작은 가루나 먼지로 화
해 발견되지 못하고 있을 수도 있다.

또 학자들은 설사 이곳에 행성이 있었다 하더라도 이미 수십억
년 전, 즉 태양계가 질서를 갖춘 지 얼마 되지 않아 파괴되었을 거라
고 생각하고 있다. 파괴의 이유는 목성의 압도적인 중력이 행성의 구
조에 끝없는 스트레스를 주었기 때문이다.

앞에서도 말했지만 천문학자들은 이런 우주적 사건들의 경우 가
급적 오래전에 발생한 것으로 여기는 경향이 있다. 기록도 증거도 남
아 있지 않은 상태에서 1~2만 년 전에 파괴되었다는 것보다는 30억
년 전에 파괴되었다는 것이 훨씬 덜 급진적으로 여겨지기 때문이다.

그러나 만약 한 행성이 파괴될 수 있다면 그 일은 30억 년 전이든 1만 년 전이든 내일이든 일어날 수 있을 것이다. 전쟁이나 소행성 충돌 같은 순간의 타격이 아닌, 오랜 세월 반복된 목성의 인력에 의한 것이라 해도 마찬가지다. 캘리포니아의 산 안드레아스San Andreas 단층의 요동에 의한 대지진이 100년 전이든 3분 후든 어느 때나 일어날 수 있는 것과 같은 이유다.

만약 행성 Z가 비교적 최근까지 존재했다면 지구, 화성과 더불어 생명이 살 가능성이 있는 행성 중 하나였을 수 있다. 천문학자들이 과학적 근거를 통해 설정한 생명체 거주 가능 지역은 다른 이름으로 골디락스 존이라고도 불리는데, 태양계의 경우는 대략 금성 자락에서 화성 정도를 포함한다. 만약 행성 Z가 목성과 화성 사이에 있었다면 이 골디락스 존의 경계선에 위치했을 것이다. 다소 먼 것은 사실이지만 대기의 조성이나 자전 속도, 지열 등의 도움으로 온화한 기후를 유지했을 수 있다.

그 외에 고열 지옥인 금성과 수성, 그리고 가스로 이루어진 목성과 토성 등 그 너머 외행성계의 행성들은 생명이 살기에 적합하지 않다. 다만 목성과 토성의 위성 중 일부에는 얼음층 아래에 물과 생명이 존재할 가능성이 적지 않다.

3. 지구상에는 잊힌 초고대 문명이 존재했고, BC 1만 500년경에 멸망했다

이 부분은 필자 외에도 많은 연구가들이 상당한 근거를 갖고 주장하고 있다. 아프리카와 아메리카, 아시아, 모든 종교와 문명의 신화와 전설 속에는 과거의 황금시대, 찬란한 문명에 대한 기억이 남아 있다. 그리고 잊힌 대륙 아틀란티스는 현대의 저자들이 발상해 낸 것이 아니라 인류 최초이자 최대의 석학 중 하나인 플라톤이 이미 2,500년 전에 직접 언급한 것이다.

그런 문명이 있었다면 아마도 증거들은 깊은 땅속과 바닷속, 혹은 3킬로미터 두께의 남극 대륙 얼음 밑*에 묻혀 있을 것이다. 이 흔적들은 언젠가는 그 자취가 드러날 거라고 생각되며, 그들의 존재가 명확히 밝혀진다면 현대인의 세계관과 사회에도 큰 영향을 미치게 될 것이다.

4. 모세와 성궤

모세라는 인물이 사실상 유대교를 창시했고 그것이 예수에 의해 기독교로, 이어 마호메트에 의해 이슬람교로 변용된 것은 누구나 인정하는 역사적 사실이다. 따라서 개인으로서의 모세가 팔레스타인, 중동 일대에 이어 유럽 문명, 나아가 그 영향을 받은 전 세계의 종교와 사회에 끼친 영향은 지대하다. 인류 역사상 가장 유명하고도 힘 있는 인물은 실은 예수가 아니라 모세일지도 모른다.

성궤의 놀라운 이적에 대한 표현들은 성서에 실제로 등장한다. 물론 성서가 얼마나 실증적인 텍스트냐 하는 논란의 여지는 충분히 있고, 그런 점에서 신뢰성이 떨어지는 부분들이 있을지도 모른다. 그

---

* 남극대륙 아틀란티스설은 캐나다의 플램-아스Flem-Ath 부부가 쓴 『When the Sky Fell』에 자세히 실려 있다.

럼에도 불구하고 필자가 성궤와 관련한 대목에서 성서를 신뢰하는 이유는 성궤가 여호와를 신앙하는 유대인들은 물론 대제사장 아론의 아들들에게까지 해를 입혔다는 내용 때문이다. 만약 성궤의 이적이 유대인들의 선민사상에 의한 상상과 창작일 뿐이라면 굳이 아론의 아들들을 포함해 아무런 나쁜 의도 없이 다가간 사람들에게까지 손상을 입히는 것으로 묘사해야 할 필요가 있었을까.

그래서 성궤와 그 안에 담긴 물체는 자신의 의지가 없는, 즉 어떤 사람에게라도 해를 끼칠 수 있는 강력한 에너지 방사의 일종이라는 쪽으로 생각이 기울게 된다. 물론 종교적 기적이 아닌 과학기술의 결과일 것이다.

5. 인류의 기원

창조론자들을 제외하고 인류가 영장류에서 진화했다는 관점에 별다른 이의를 갖는 사람은 없다. 다만 그 진화의 과정과 돌연변이의 방향이 부자연스럽게 빠르고 또 이로운 방향으로 흘러왔다는 점은 주류 학계에서도 의문스러워하는 부분이다.

여기에 어떤 외부적인 힘, 즉 외계인이 개입했다는 주장도 있다. 그러나 필자는 플레이아데스Pleiades성단이나 오리온, 시리우스 등에서 외계인이 찾아와 유전자 조작으로 인류를 만들었다는 주장을 선호하지 않는다. 이 책에 진정한 의미에서의 외계인은 아예 등장하지도 않으며, 세 행성의 주민은 실은 모두 지구인과 그 후예들이다. 그래서 필자는, 만약 인류의 진화가 너무 빨랐던 것처럼 여겨진다면 실은 인류가 우리가 알고 있는 것보다 더 오래된 종족이기 때문은 아닐까 생각하곤 한다.

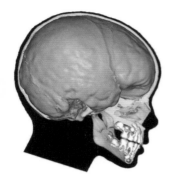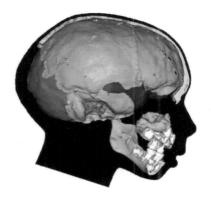

현생인류와 네안데르탈인의 두뇌 용적. 왼쪽이 현생인류, 오른쪽이 네안데르탈인.

사실 13만 년 전에 완전한 형태로 나타난 네안데르탈인의 뇌 용량은 현생인류보다도 크다. 그런 그들이 과연 그 긴 세월 동안 돌을 갈아서 연장으로 쓰는 발상조차도 하지 못했을까.*

일부 인류학자들은 이들 네안데르탈인이 보다 두뇌 회전이 빠른 크로마뇽인들에게 전멸했을 것이라고 보고 있다. 물론 돌도끼와 돌칼이 난무하는 그야말로 미개한 원시인들의 싸움일 뿐이다. 하지만 어쩌면 네안데르탈인들도 나름대로 발달한 문명을 건설했고, 3만 년 전쯤 크로마뇽인들과 최후의 전쟁을 벌인 결과 그들에게 흡수되며 역사의 무대에서 사라졌을 수도 있지 않을까.

---

* 구석기인인 네안데르탈인은 돌을 깨서 쓰는 타제석기만을 사용했고, 매끈하게 갈아 사용하는 마제석기의 수준에도 도달하지 못했다.

6. 엔딩

필자가 초등학교 2, 3학년 때쯤, 동네의 유일한 만화방이었던 '별서점'에 『화성 특공대』라는 일본 만화책이 있었다. 평범한 소년인 주인공은 어느 날 고대 화성에서 찾아온 전령을 만나게 된다. 그는 이미 오래전에 멸망한 화성의 운명을 바꿔놓을 사람은 소년과 그 가족밖에 없다는 뜻 모를 말과 함께 그들을 수만 년 전의 화성으로 데려간다.

화성은 사활을 건 전쟁 중이었고 이미 패색이 짙은 상황이었다. 화성인들은 전쟁의 승패를 가를 전투에 남은 전력을 집중하고 있었고, 승리를 위해 소년과 그 가족이 가진 모종의 힘이 필요했다. 너무 오래전의 일이라 화성이 누구와 전쟁 중이었는지, 소년이 가진 힘이 무엇이었는지는 기억나지 않는다.

그렇게 비장하고도 영웅적인 마지막 결전이 벌어지게 되지만 역부족이었고, 격렬한 전투 속에서 소년의 어머니가 희생되고 화성은 이미 운명 지워진 멸망의 길을 가게 된다. 소년과 가족은 대파국의 직전에 다시 현재의 지구로 돌려보내지고, 잠에서 깨어난 그들은 시간도 지나지 않고 모든 것이 그대로인 것을 확인하고 함께 긴 꿈을 꾼 것으로 여긴다. 하지만 어머니의 모습은 어디에도 없었다.

필자는 어린 시절 한 번 본 이 만화를 30여 년간 잊지 않고 있다. 이 스토리가 준 충격과 전율 때문이다. 저 이야기가 당연히 사실이어야 할 것 같은, 엄청난 비밀을 알고 만 것 같은 서늘한 기분, 이 기묘한 느낌은 화성을 생각할 때마다 아직도 되살아나곤 한다.

멸망하는 화성과 관련된 긴 꿈에 시달린 적도 있다. 아서 클라크의 소설 『라마』에 등장할 듯한 거대한 어둠의 지하 공간과 무저갱無底坑의 바닥에서 지상을 향해 올라가는 벽 없는 승강기. 이 꿈의 끝은 동료들과 승강기를 타고 탈출하던 중 믿었던 전우에게서 배신당해 암흑 속으로 추락하는 것으로 끝난다. 마치 전생의 죽음의 기억 같은 느낌이다.

화성에 대해 필자가 가진 일종의 연대감은 이렇게 어려서부터 형성되었고, 우리 인류의 역사와 화성의 과거가 긴밀한 관련이 있을 것 같은 모종의 느낌은 이후 얻게 된 다른 관련 지식을 통해 조금씩 각인되었다.

그래서 언젠가는 이것을 바탕으로 재미있고 그럴듯한 스토리를 만들고 싶었다. 어릴 때 형성된 화성에 대한 동경에 더해 중고교 시절부터 관심 가졌던 수많은 음모론을 뒤섞어놓은, 그리고 그 모든 것의 근본이 되는 거창하기 짝이 없는 '태양계 제국'의 역사라면 어떨까. 그러다 보니 결국 모세와 예수, 여호와까지 다 집어넣은 '우주적 판타지 엔터테인먼트'가 되었지만 말이다.

당연한 이야기지만 필자는 이 스토리가 진실이라고 진지한 표정으로 주장하지 않는다. 진실이면 무척 재미있겠다. 하지만 그것에 집착하는 순간 필자도 자기 최면에 빠진 음모론자들과 똑같이 되고 말 텐데, 그런 상태는 별로 바람직한 삶의 모습은 아닌 것 같다. 머리말에서도 밝힌 바대로 이 책은 프로레슬링이며 그 이상도 이하도 아니다.

인간은 과거에 대한 끝없는 향수를 갖는다. 그것이 개인의 어린 시절의 행복한 추억에서 비롯된 건지, 집단무의식에 각인된 잃어버린 황금시대에 대한 동경인지는 알 수 없다. 그러나 우리는 과거 어느 시대에 지금의 시시한 세상과는 다른 멋지고 놀라운 시대가 있었다는 것을 믿고 싶어 한다. 그런 세상이 있었다면 우리도 언젠가 그것을 다시 건설할 수 있을 거라는 기대감 때문일 것이다. 이런 잊힌 황금시대의 미학과 SF적 상상력이 합쳐지면 그 매력은 몇 배로 증폭된다.

태양계 차원의 대서사시, 3개의 행성을 거느리던 꿈결같이 아련한 고대 대제국의 이야기, 지저분하고 피곤한 현실 속에 살아가는 우리. 언젠가 그런 세상이 있었다고 꿈꿔보고 싶지 않은가.

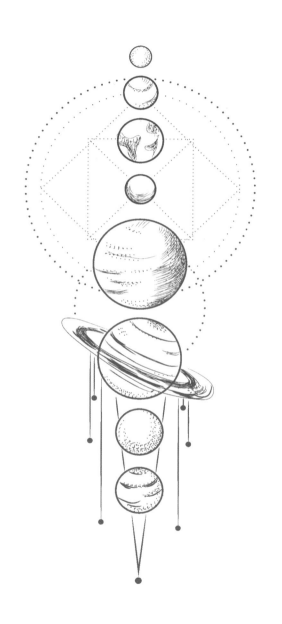

파토 원종우의 태양계 연대기(개정판)

ⓒ 원종우, 2019. Printed in Seoul, Korea

초판 1쇄 펴낸날 2019년 2월 27일
초판 3쇄 펴낸날 2023년 2월 6일
지은이 원종우
펴낸이 한성봉
편집 최창문 · 이종석 · 조연주 · 오시경 · 이동현 · 김선형
디자인 정명희
마케팅 박신용 · 오주형 · 강은혜 · 박민지 · 이예지
경영지원 국지연 · 강지선
펴낸곳 도서출판 동아시아
등록 1998년 3월 5일 제1998-000243호
주소 서울시 중구 퇴계로30길 15-8 [필동1가 26]
페이스북 www.facebook.com/dongasiabooks
전자우편 dongasiabook@naver.com
블로그 blog.naver.com/dongasiabook
인스타그램 www.instagram.com/dongasiabook
전화 02) 757-9724, 5
팩스 02) 757-9726
ISBN 978-89-6262-267-6 03400

이 도서의 국립중앙도서관 출판예정도서목록(CIP)은
서지정보유통지원시스템 홈페이지(http://seoji.nl.go.kr)와
국가자료공동목록시스템(http://www.nl.go.kr/kolisnet)에서
이용하실 수 있습니다.(CIP제어번호: CIP2019005350)

만든 사람들

편집 안상준
표지 디자인 전혜진
본문 조판 김경주